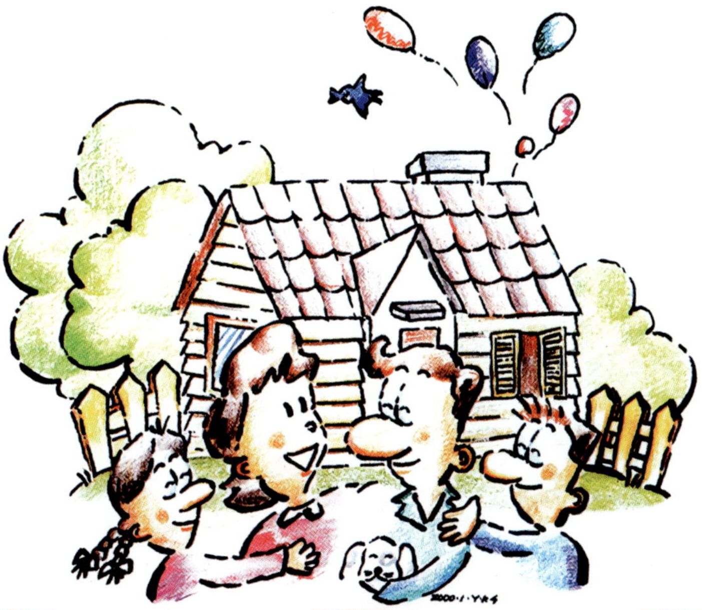

SOS
지진을 대비하라

정미영 강창룡 김용선 류덕상
배온희 이종환 채홍웅 최창수

한국지진대비연구소

지진 발생 시 10가지 안전수칙

❶ 몸의 안전이 최우선
가장 중요한 것은 생명이다.
지진이 발생하면 즉시 가리고, 엎드리고,
붙잡는 행동으로 몸을 안전하게 보호하라.

❷ 불을 신속 확실하게 꺼라
당황하지 말고 사용하던 불을 신속하고
확실하게 꺼라.

❸ 비상탈출구를 확보하라
문이 뒤틀려 열리지 않을 수 있으므로
재빨리 문을 열어 출구를 확보하라.

❹ 화재는 초기에 소화하라
"불이야" 하고 크게 소리 질러 주위의 도움을
청하고 소화기 등으로 초기 소화를 하라.

❺ 침착하게 행동하라
당황하여 밖으로 뛰어 나가지 말고
가능한 한 안에 머무르라. 밖으로 피할 때는
벽돌이나 깨진 유리 등의 낙하물에
주의하라.

지진의 피해를 최소화하기 위해서는 지진 발생 시 적절한 행동을 취해야 한다.

❻ 대피할 장소를 잘 선택하라
좁은 길, 담 근처로 피신하지 말라.
벽, 문기둥, 자판기 등은 넘어지기 쉬우므로 주의한다.

❼ 산사태와 해일에 주의하라
산악지역이나 해안에서 지진을 만나면 즉시 높은 곳이나 안전한 곳으로 피하라.

❽ 대피는 도보로, 짐은 최소로
지정된 대피소로 걸어서 이동하고 짐은 최소로 짊어져 양팔을 자유롭게 쓸 수 있도록 한다.

❾ 서로 도와 구조, 구호하라
먼저 가족과 이웃의 안전을 확인한다.
많은 사상자가 발생하므로 노인, 장애인, 어린이, 부상자들을 먼저 구조, 구급 및 구호하라.

❿ 유언비어에 현혹되지 말라
라디오, 휴대전화, TV, 기관 등을 통해 정보를 입수하여 적절한 행동을 취하고 유언비어에 휩쓸리지 말라.

준비용품 목록입니다. ☑체크해보세요.

☐ 1 비상탈출기구 : 밧줄, 신발, 장갑 등

☐ 2 손전등과 여분의 건전지, 양초

☐ 3 소화기, 방연마스크, 호흡용 비닐봉투 등

☐ 4 구급약 : 집안식구에게 필요한 약 포함

☐ 5 구급책 : 인공호흡, 구급 등

☐ 6 여분의 안경, 의치

☐ 7 비상식량 : 통조림, 라면 등 7~15일분

☐ 8 비상식수 : 식구 전부 7~15일분

☐ 9 다용도 칼

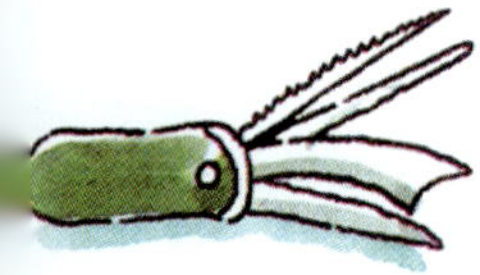

☐ 10 휴대용 취사도구, 라이터, 성냥

☐ 11 노약자 및 환자의 필수품

☐ 12 아기용 분유, 우유병, 종이기저귀 등

☐ 13 휴대전화, 전화카드, 필기도구, 메모장

☐ 14 텐트, 슬리핑백, 매트리스

☐ 15 보온용 옷과 이불

☐ 16 여성용 생리대

☐ 17 현금, 통장, 도장, 신용카드

☐ 18 휴지, 수건, 세면도구 등

☐ 19 휴대용 라디오와 여분의 건전지

☐ 20 경찰, 소방서, 의사 등 긴급 전화번호

한국지진대비연구소장 배은희 (010-6201-3310)

❶ 포항지진에서 부서진 필로티건물
❷ 상점 진열대의 피해
❸ 길거리의 피해
❹ 떨어진 벽돌
❺ 붕괴된 건물 모습(대만)

출처: 포항시청

❶

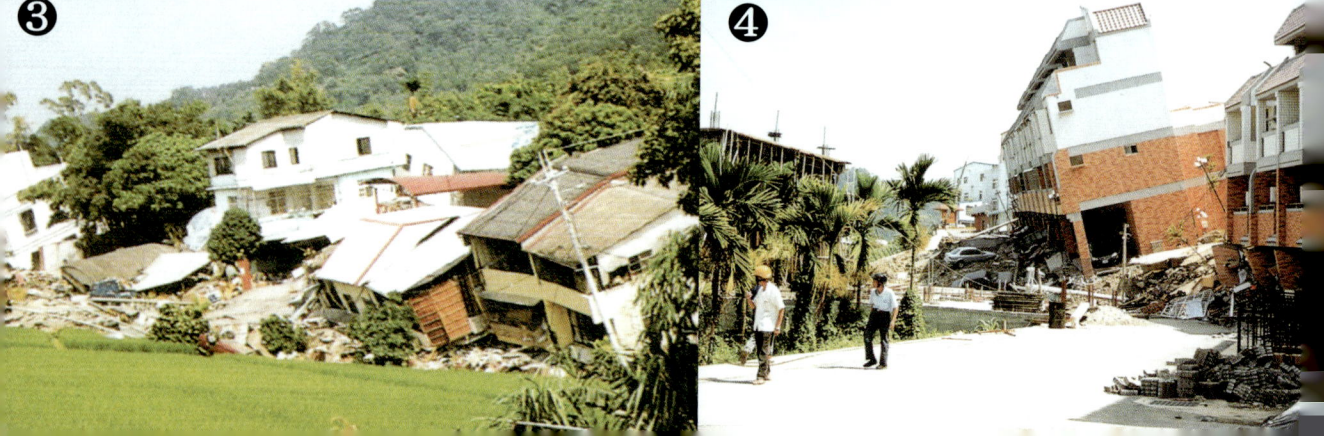

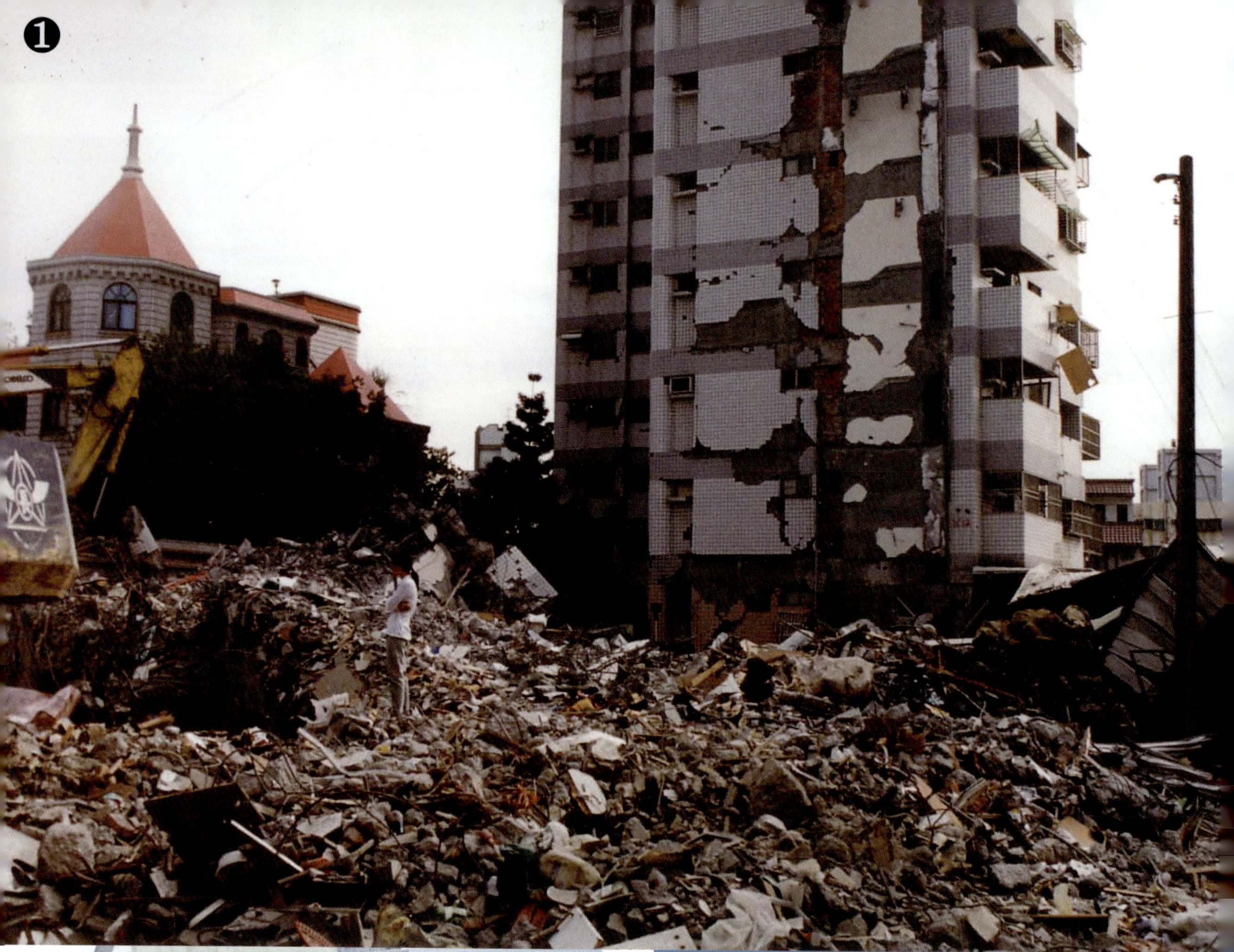

❷

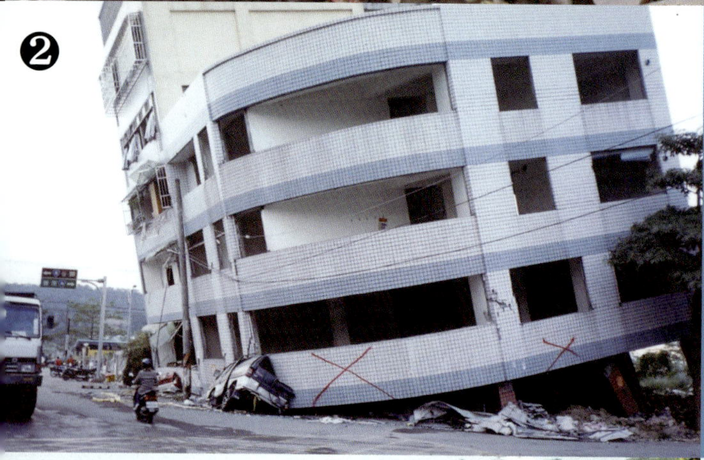

❶ 폐허가 된 지진현장
❷ 모서리기둥은 양방향 지진력을 동시에 받는 부재로 피해가 컸음
❸ 지반융기로 폐허가 된 모습
❹ 지반융기로 인한 건물 피해

❸

❹

SOS 지진을 대비하라

CONTENTS

✿ 지진 발생 시 10가지 안전수칙
✿ 지진대비 비상용품
✿ 저자의 부탁
✿ 추천의 글

지진이 온다

- 알아야 산다 15
  1. 지진이란 무엇인가 16
  2. 인명이 희생되는 원인 22
- 세계의 지진과 우리나라의 지진 23

제1장 지진이다! 어떻게 해야 하나?

- 지진 발생 시 3대 원칙 28
- 장소에 따른 지진 대응 31
  1. 집안에서의 지진 대응 31
  2. 직장에서의 지진 대응 32
  3. 출근 중의 지진 대응 32
  4. 외출중의 지진 대응 35
  5. 밖에 있을 때의 지진 대응 38

제2장 지진 직후는 이렇게 행동하라

- 지진 후 필수행동 6가지 42
- 화재 발생, 그때는? 46
- 지진 발생 시 안전한 전기 처리 51
- 꼭 알아야 할 응급처치 53
- 대지진 발생 시 대피 요령 58
- 어린이들과 지진 대응 63
- 자치단체의 지진 후 3일간 대응책 68
- 지진 발생 시 정부의 대응 72
- ✿ 고베 지진 생존자의 증언: 나는 이렇게 해서 살았다! ... 74

SOS 지진을 대비하라

제3장 지진을 어떻게 대비할 것인가?
- 대비 또 대비　　　　　　　　　　　　　　　　　　　　　78
- 우리 집의 지진 대비　　　　　　　　　　　　　　　　　80
- 지진 배낭　　　　　　　　　　　　　　　　　　　　　　88
- 건물의 안전도 검사　　　　　　　　　　　　　　　　　92
- 학교의 지진 대비　　　　　　　　　　　　　　　　　　97
- 직장의 지진 대비　　　　　　　　　　　　　　　　　　100
- 지방자치단체의 지진 대비　　　　　　　　　　　　　102
- 정부의 지진 대비　　　　　　　　　　　　　　　　　　108
- 지진을 극복하기 위한 세계의 노력들　　　　　　　112
- ✿ 고베 대지진의 5대 교훈과 제안　　　　　　　　　114

제4장 구조 및 구급
1. 무너진 블록 담에서의 구조　　　　　　　　　　　120
2. 자동판매기 등 중량물에서의 구조　　　　　　　　121
3. 옷장, 책장 등 넘어진 가구에서의 구조　　　　　　122
4. 건물의 파쇄요령 1: 지붕의 파쇄　　　　　　　　　123
5. 건물의 파쇄요령 2: 시멘트 벽과 마룻바닥의 파쇄　124
6. 무너진 건물에서의 구조 1: 기둥에 끼어 있을 때　125
7. 무너진 건물에서의 구조 2: 속에 갇혀 있을 때　　126
8. 끼어 있는 상태에서의 구조　　　　　　　　　　　127
9. 흙더미에서의 구조　　　　　　　　　　　　　　　128
10. 차안에 갇힌 사람의 구조　　　　　　　　　　　　129
11. 차 밑에 깔린 사람의 구조　　　　　　　　　　　　130
12. 높은 곳에 있는 사람의 구조　　　　　　　　　　　131
13. 창고 내 무너진 자재더미에서의 구조　　　　　　132
14. 교통장애물의 제거　　　　　　　　　　　　　　　133
15. 문 등에 끼어서 움직이지 못하는 사람의 구조　　134
16. 장시간 어둠에 갇혀있던 사람의 구조　　　　　　135
17. 사람이 쓰러져 있을 경우　　　　　　　　　　　　136
18. 부목과 삼각건을 이용한 골절 고정법　　　　　　137
19. 관절을 삐었을 때의 응급처치법　　　　　　　　　138
20. 맨손으로 부상자를 옮기는 방법　　　　　　　　　139
21. 의자를 이용한 부상자 운반　　　　　　　　　　　140
22. 응급 들것을 이용한 부상자 운반 1: 담요 이용　　141
23. 응급 들것을 이용한 부상자 운반 2: 깔개·돗자리 이용　142
- ✿ 구조·구급 도구 일람표　　　　　　　　　　　　　143

보고서 : 지진 대비 해외 연수보고　　　　　　　　　145

✿ 편집후기

저자의 부탁

난리와 난리 소문을 들을 때에 두려워 말라 이런 일이 있어야 하되 끝은 아직 아니니라 민족이 민족을 나라가 나라를 대적하여 일어나겠고 처처에 지진이 있으며 기근이 있으리니 이는 재난의 시작이니라(막13:7-8)

처처에 지진과 기근이 있으리라는 이 성경구절에 전율을 느꼈습니다. 전 세계에 걸쳐 지진 발생이 증가하고 우리나라도 전쟁, 지진, 식량부족의 고통이 예견되고 있습니다. 대 참사를 불러올 우리나라의 지진은 언제 어떻게 일어날지 아무도 모릅니다. 그렇지만 지진이 임박했다는 사실만은 부인할 수 없을 것입니다. 우리나라 역사에 기록된 많은 지진 기록과 최근에 발생한 경주, 포항 지진을 보아도 이제 우리나라가 결코 안전지대일수는 없습니다.

최근의 내진 설계가 반영되지 않은 과거 우리나라의 건축 구조물은 매우 취약하고 국민은 지진대비 충분히 훈련 되어 있지 않아 만약 강진이나 격진이 발생할 경우 우리는 치명적인 타격을 입게 됩니다.

대지진의 아수라장 속에서 나를 구조해 줄 손길을 기대하기는 어렵습니다. 최선의 방법은 각자가 살아나는 방법을 익혀야 하며 이를 위해 평소 준비와 훈련을 해야 합니다.

추천의 글

21세기를 맞아서도 지구는 온갖 재앙으로 신음하고 있다. 성경도 말세에는 처처에 지진과 기근이 있으리라고 예언하고 있다. 지나친 화석 에너지 사용에 기인한 엘니뇨 현상, 라니냐 현상 및 지구 온난화 현상 등으로 지구는 이상 기온에 고통 받는 등 자연 파괴로 말미암아 인간은 스스로 만든 무덤을 향해 치닫고 있다. 더욱이 우리나라는 경주, 포항 지진을 겪었고, 향후 지진으로 인한 대 재앙의 가능성이 예고되고 있다.

성경은 인간의 타락이 재앙을 부른다고 경고한다. 지구를 보호하지 않고 다만 인간욕망의 대상으로 삼을 때 거기에는 엄청난 자연의 재앙이 있게 된다. 자연현상이든 하나님의 진노의 수단이든 대지진의 재앙은 서서히 다가옴을 느낄 수 있다. 유비무환! 대지진의 큰 피해를 줄이는 길은 대지진의 경험을 한 외국의 교훈을 빌어 미리미리 방재대비에 힘쓰는 길이다.

저자는 이 땅에 엄습할 가능성이 있는 재난의 피해를 최소화하기 위하여 이 책이 제시하는 방재대비를 심각하게 검토하고 준비하기를 건의한다. 취약한 우리나라의 지진대비 상태에서 그림책처럼 쉽게 보고 이용할 수 있는 이 책의 발간을 무척 다행스럽게 여기며 지진 발생 시 온 국민에게 큰 도움을 주고 나라를 구하는 준비의 안내서가 되기를 바란다. 필자의 외로운 노력을 치하하면서 생각 깊은 국민들의 일독을 권한다.

전 과학기술처 장관 정근모

지진대비는 시급합니다. 지진의 피해를 최소화하기 위해서는 먼저
▶ 지진 발생 시 기본행동을 알아야 합니다.
▶ 지진 후의 대응방법을 익혀야 합니다.
▶ 지진은 미리 대비해야 합니다.

지혜로운 자는 최악의 순간을 준비하고 어리석은 자는 최악의 순간까지 미룬다고 합니다. 지구촌 이곳저곳에서 일어나는 지진을 보면서도 대비하지 않는 어리석은 사람에게 그 대가는 엄청날 것입니다.
지진의 대참사에서 자신과 가족이 사느냐 죽느냐는 당신이 얼마나 준비하느냐에 달려 있습니다. 임진왜란을 내다보고 거북선을 준비한 이순신 장군이 나라를 구했듯이 다가오는 재앙을 대비할 때 가정의 피해를 최소화시킬 수 있습니다. 이 책을 잘 읽고 또 잘 보이는 곳에 두어 지진이 왔을 때 피해를 최소화하여 가족의 생명을 지키고 나라를 구하는 데 큰 도움이 되기를 바라는 마음 간절합니다.
이 책이 발간 될 수 있도록 힘이 되어준 아내와 뜻을 같이 하는 모든 분들께 진심으로 감사드립니다.

편저자 배 온 희

지진은 우리가 예상하지 못하는 가운데 일어나는 천재지변입니다. 이러한 지진은 주로 일본의 관동지역, 미국의 서부, 중남미 국가, 이란, 인도네시아 등의 중동지역에서 빈번히 발생하고 있습니다.
한 번의 지진으로 온 도시가 파괴되는 지진의 파괴력은 어떠한 자연재해와도 비교가 되지 않습니다. 이때 우리가 목격한 것은 참혹한 폐허 속에서도 질서를 유지하면서 최대한의 인명을 구출한 일입니다. 바로 이점이 우리가 주목해야 할 일입니다.
우리나라는 비교적 지진의 안전지대로 믿어 왔지만 경주, 포항지진을 겪으면서 국민들이 지진을 대하는 인식이 많이 달라졌습니다. 그러나 우리가 감지하지 못하는 지진은 매일 일어나고 있으며, 우리가 느낄 수 있는 지진도 2000년 이후 급증하고 있습니다. 우리 문헌을 보면 과거에 우리나라에도 건물과 인명에 피해를 준 지진은 여러 번 발생하였습니다. 특히 지난 포항지진은 지진 안전지대로 여겨온 우리나라에 적지 않은 피해를 유발하였습니다.
다행스럽게도 현재 국내에서는 건물과 주요 시설물(원자력 발전소, 항만, 공항 등)에 대해서 내진설계를 철저히 시행하고 있습니다. 그리고 어린이집, 유치원, 학교, 민방위교육 등에서 국가적 차원으로 훈련과 교육이 시행되고 있습니다.
지진이 발생하면 사람들은 공포에 빠져들고 화재가 발생하며 수많은 인명피해가 속출합니다. 이러한 재난에 대한 방재훈련과 준비는 건물을 안전하게 설계하는 내진설계에 못지않게 중요한 일입니다.
이러한 관점에서 본서는 우리에게 매우 귀중한 재난대비 가이드북이 될 수 있을 것입니다. 아울러 본서가 인명을 보호하고 재난에 의한 피해를 줄이는데 기여하기를 바랍니다.

전 고려대학교 건축공학과 교수 김 상 대

가상 시나리오

모두가 평화롭게 살아가던 어느 날, 갑자기 무서운 굉음과 함께 지진이 엄습하였다. 땅이 뒤틀리고 주택과 건물들이 붕괴되고, 파손된 수도관으로 인해 거리에는 물이 흘러넘치고, 교통수단들은 파괴되고, 거리는 차량들의 충돌로 아수라장이 되었다.

가스관이 파손되어 불길과 연기가 치솟고, 정전으로 인한 암흑과, 붕괴된 건물 속에서 수많은 사람들이 살려달라고 부르짖는다.

아이나 어른이나 공포에 질리고, 사람들은 무엇을 해야 좋을지 모르고, 부상자들의 처절한 외침 속에 질서는 극도로 흐트러졌다. 통신은 두절되어 누가 어디서 죽어 가는지도 모르고 구조요청은 엄두도 못 내며 자원봉사 체제는 너무나 빈약하여 복구할 엄두도 낼 수 없다.

라이프라인이 끊어진 건물더미 속에서 탈수현상과 배고픔에 지쳐 사상자와 이재민은 수십, 수백만에 이른다.

지진이 온다

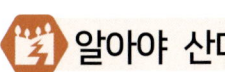 알아야 산다

  신(神)의 진노라고 일컫는 자연 재해를 인간이 막을 수는 없다. 인구의 도시집중과 건물의 대형화로 인해 큰 지진이 일어날 경우 현대사회의 피해는 심각할 수밖에 없다.

  만약 서울에 1995년의 고베지진이나 1999년의 터키, 2010년 아이티, 2015년 네팔, 2004년 수마트라, 2011년 일본지진과 같은 대형 지진이 발생한다면 통신단절로 인한 상황 인식불능, 교량과 도로 파손으로 인한 교통두절로 현장 접근 불가, 도시가스 폭발과 누전에 의한 화재진압불가, 가스와 유해물질 등에 의한 그 피해는 상상을 초월한 참혹한 모습이 될지도 모른다.

  파괴된 산업시설은 경제를 마비시키고 가정에서는 붕괴와 화재 등으로 희생자가 속출하며, 다행히 생명을 보전한 가정은 두려움과 충격으로 망연자실할 것이다. 미리 대비했더라면 하는 후회는 소용이 없다. 미래의 재난을 대비하지 않은 대가의 고통은 상상을 초월할 것이다. 평소의 작은 준비가 위기에서 큰 힘을 발휘할 수 있다. 지진을 알고 준비하는 개념이 취약한 우리나라의 실정에서 가족의 생명을 지킬 수 있는 길은 지진을 알고 준비하는 것뿐이다.

  지진에 대한 피해를 최소화 하려면 건물을 지을 때 건축비보다 안전에 신경을 써 적절한 내진설계를 해야 한다. 지진 발생 시에는 신속하고 적절한 대응으로 국민 스스로 생명을 지키며, 지진발생 후 빠른 시일 내에 사회 기능을 정상화하도록 지진을 알고 충분한 대비를 하도록 해야 한다.

❋ **알아야 할 사항들**

▶ 지진이란 무엇인가?
  지진의 가공할 만한 파괴력
  인명이 희생되는 원인

▶ 지진에서 어떻게 살아날 것인가?
  지진 발생 시 기본행동
  지진 후에 할 일
  지진의 사전 대비

1. 지진이란 무엇인가

- 지진의 발생원인과 영향

1) 지진의 발생원인

지구표면은 엄청난 크기의 암판으로 둘러싸여 있고 이 암판들은 지하에서 받는 압력으로 이동한다. 이때 지각이 서로 부딪치는 곳에 왜곡현상이 생기고 어느 한계에 이르면 밀려들어갔던 지각이 제자리로 되돌아가려는 지각 변동이 생겨 그 충격으로 인한 지진파가 지표면으로 전해져 지진이 발생한다. 그래서 지진은 지각의 경계면에서 주로 발생한다. 일본에 지진이 많은 이유도 일본 열도가 북미판, 유라시아판, 필리핀판, 태평양판이 겹쳐지는 장소에 있기 때문이며, 한국의 경우는 유라시아 암판 내부에 위치하기 때문에 지진발생이 적은 것으로 알려지고 있다. 한국은 아무르라는 암판에 별도로 속해 있다고도 주장한다.

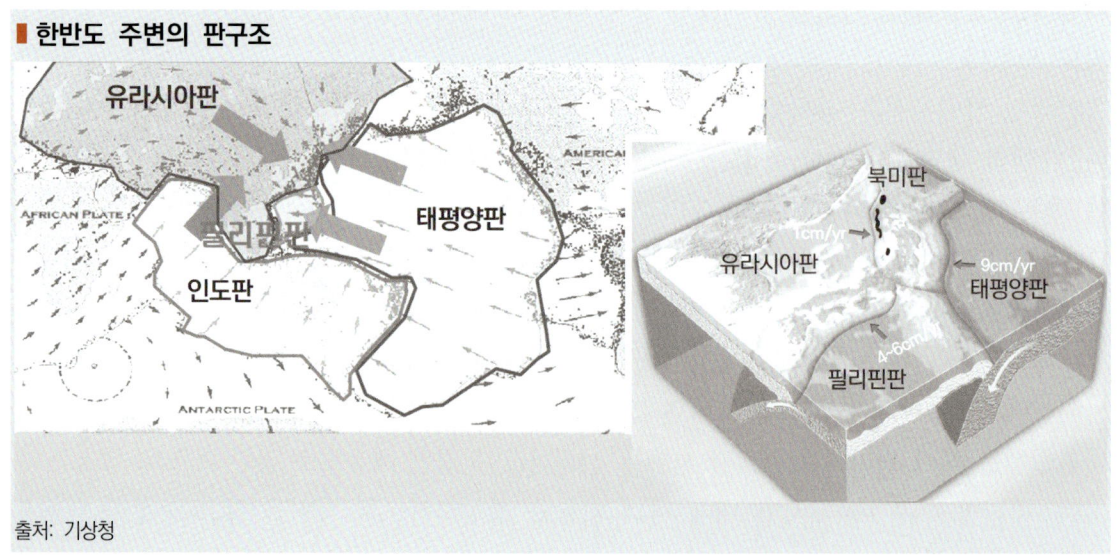

■ 한반도 주변의 판구조

출처: 기상청

❀ **지진의 분류**

▶ 발생 시점에 따라
전진 : 본진 이전의 **작은** 지진
본진 : 규모가 **가장 큰** 지진
여진 : 본진 **뒤**의 지진

▶ 지진발생 진원의 위치에 따라
천발(얕은)지진 : 0~70km의 지진
중발지진   : 70~300km의 지진
심발(깊은)지진 : 300km 이상의 지진

성경에도 지진의 기록이 나온다.

하나님의 진노를 받은 소돔과 고모라는 대지진으로 인해 지구상에서 자취를 감추고 땅속 깊은 곳으로 사라졌으며 출애굽 하던 이스라엘 백성들이 모세에 대항했을 때도 지진으로 갈라졌다. 또한 하나님이 모세와 만난 곳에서도 지진이 발생한 기록이 있고 예수님이 십자가에 못 박혀 죽으실 때도 땅이 흔들렸으며 바울과 실라를 옥에서 구하실 때도 지진이 있었다.

결국 하나님이 역사하시는 곳과, 진노로 인간을 징벌하실 때에는 지진이 발생하고 있음을 알 수 있다. 화산폭발로 지구에서 사라진 폼페이가 얼마나 타락한 곳이었나 하는 것은 역사가들이 밝혀 주고 있다. 성경은 타락한 인간의 종말을 예고하고 있으며 이에 대한 징조로 세계 곳곳에 많은 지진발생과 이제까지 보지 못했던 엄청난 지진을 경고하고 있다.

이런 관점에서 지진의 발생원인은 두 가지로 볼 수 있다. 첫째는 자연현상이며, 둘째는 하나님이 일으키는 지진이다. 따라서 큰 지진은 앞으로 더 많이 발생할 수도 있다.

지진의 발생은 예측할 수 없다. 지진은 항상 발생하며 대부분의 지진은 약하기 때문에 우리가 느끼지 못할 뿐이다. 대지진은 자주 발생하지 않으나 역사의 주인이 되어버린 인간의 교만이 계속 되는 한 언제라도 예고 없이 발생할 수 있다는 것을 알아야 한다.

2) 진앙과 진원

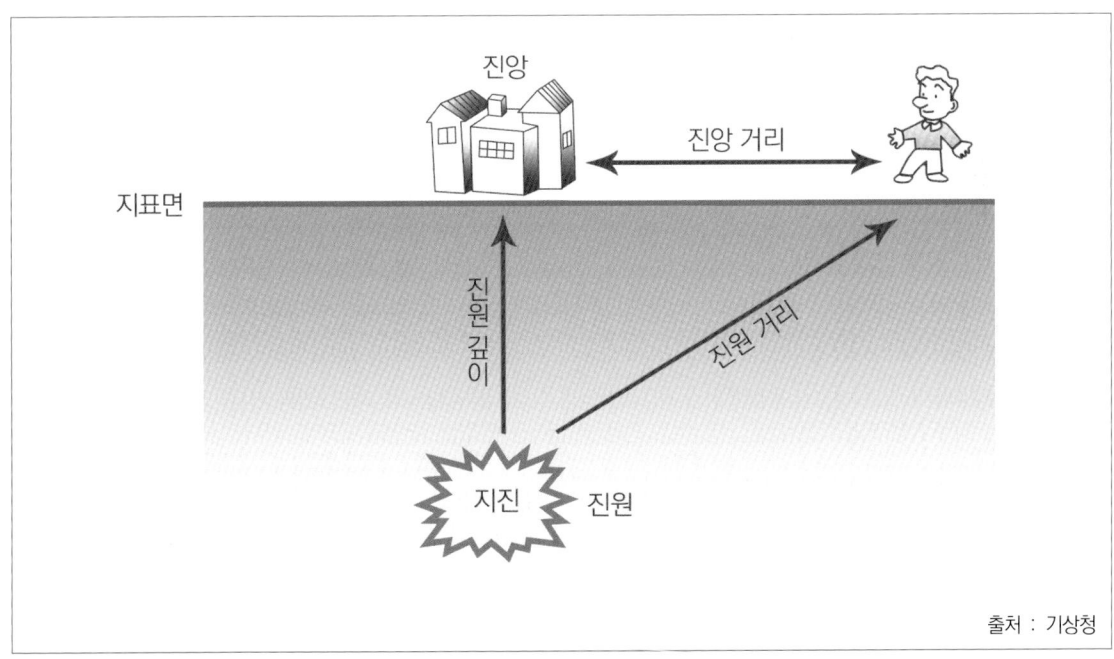

출처 : 기상청

3) 규모(매그니튜드)와 진도

규모는 지진 그 자체의 크기를 말한다. 가장 일반적으로 지진의 크기를 규모 5.8, 규모 9.0이라고 나타낸다. 지진이 발생한 곳에서 방출하는 에너지를 수치화한 것이며, 숫자 1이 올라갈 때마다 지진 에너지는 32배, 진폭은 약 10배가 증가한다.

진도는 지진이 발생하는 장소의 지진강도를 나타내고 진원에서의 거리와 지반의 상태 등에 따라 차이가 있다. 일반적으로 규모가 커도 진원에서 떨어져 있으면 진도는 작아진다. 그 동안 한국은 일본의 7등급 지진 표기 방식을 사용하였으나 2000년 이후 메르칼리 진도방식을 따라 12등급으로 분류된 방식을 따른다.

■ 규모와 진도의 세기 비교 테이블

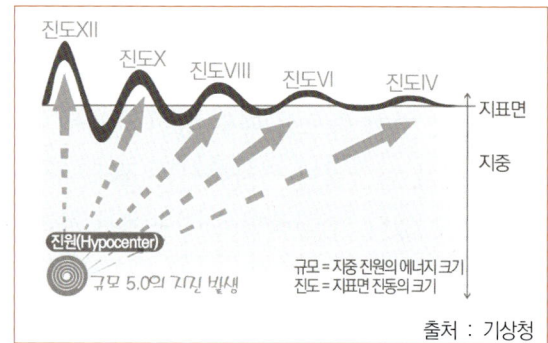

✿ 진도에 따른 지진의 피해(일본 7등급)

0 진도계에는 기록되나 사람에게는 감각이 없다.

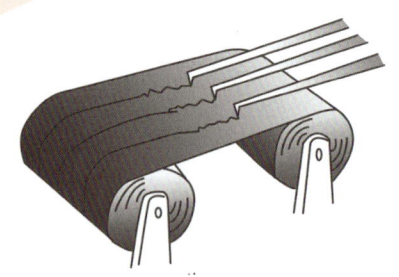

I 집 안에 있는 사람 중 지진에 민감한 사람이 약간 흔들림을 느낄 정도

II 문이나 미닫이 또는 매달린 물건이 약간 흔들리는 정도. 집 안에 있거나 정지하고 있는 많은 사람이 느낀다.

III 집이 흔들리고 그릇에 담긴 물에 진동이 생김. 보행 중에 있는 사람도 느낀다.

IV 집이 많이 흔들리고 보행 중에 있는 사람 모두가 느낀다. 불안정한 화병 등이 넘어진다. 사람들이 공포감을 느낀다.

V약 벽이나 돌담이 파손되거나 가구류 등이 넘어지고 약한 창문이 깨져 떨어지기도 한다.

V강 사람들이 대단한 공포심을 느낀다. TV가 받침대에서 떨어지기도 하고 블록벽이 무너진다.

VI약 건물의 타일이나 창문이 깨져 떨어지고 내진성이 약한 목조건물이 붕괴된다. 땅이 갈라지고 산사태가 발생하기도 한다.

VI강 건물의 타일이나 창문이 깨져 떨어진다. 내진성이 약한 철근콘크리트 건물이 붕괴한다. 땅이 갈라지고 산사태 등이 발생하기도 한다.

VII 내진성이 높은 건물이라도 기울거나 크게 파손된다. 땅이 크게 갈라지고 단층이 생겨 지형이 변형될 수도 있다.

출처: 기상청

✿ 진도

수정 메르칼리 진도 계급은 1902년 이탈리아 지진학자 메르칼리(Mercalli)에 의해 만들어져 사용되다가 1931년 미국의 해리우드(Harry Wood)와 프랭크노이만(Frank

출처: 기상청 홈페이지

I
특별히 좋은 상태에서 극소수의 사람을 제외하고는 전혀 느낄 수 없다.

II
소수의 사람들, 특히 건물의 위층에 있는 소수의 사람들에 의해서만 느낀다. 섬세하게 매달린 물체가 흔들린다.

III
실내에서 현저하게 느끼게 되는데, 특히 건물의 위층에 있는 사람에게 더욱 그렇다. 그러나 많은 사람들은 그것이 지진이라고 인식하지 못한다. 정지하고 있는 차는 약간 흔들린다. 트럭이 지나가는 것과 같은 진동이 있고 지속시간이 산출된다.

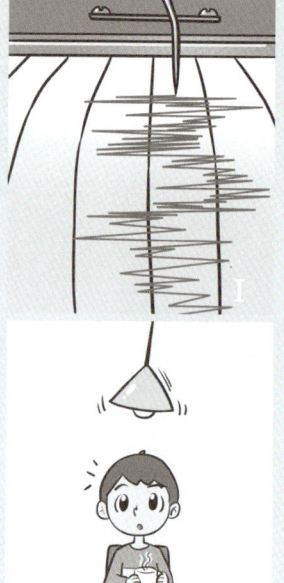

IV
낮에는 실내에 서 있는 많은 사람들이 느낄 수 있으나, 옥외에서는 거의 느낄 수 없다. 밤에는 일부 사람들이 잠을 깬다. 그릇, 창문, 문 등이 소란하며 벽이 갈라지는 소리를 낸다. 대형 트럭이 벽을 받는 느낌을 준다. 정지하고 있는 자동차가 뚜렷하게 움직인다.

V
거의 모든 사람들이 지진동을 느낀다. 많은 사람들이 잠을 깬다. 약간의 그릇과 창문 등이 깨지고 어떤 곳에서는 회반죽에 금이 간다. 불안정한 물체는 넘어진다. 나무, 전신주 등 높은 물체가 심하게 흔들린다. 추시계가 멈추기도 한다.

VI
모든 사람들이 느낀다. 많은 사람들이 놀라서 밖으로 뛰어 나간다. 어떤 무거운 가구가 움직이기도 한다. 벽의 석회가 떨어지기도 하며, 피해를 입은 굴뚝도 일부 있다.

Neumann)에 의해 보완되었다. 이 계급은 12개 등급으로 구성되어 있으며, 지진피해 규모에 근거를 둔 수치이다. 일반적으로 진도는 로마숫자의 정수로 표시한다.(기상청 자료)

 VII

모든 사람들이 밖으로 뛰어 나온다. 설계 및 건축이 잘된 건물에서는 피해가 무시할 수 있는 정도이지만, 보통 건축물에서는 약간의 피해가 발생한다. 설계 및 건축이 잘못 된 부실 건축물에서는 상당한 피해가 발생한다. 굴뚝이 무너지며 운전 중인 사람들도 지진동을 느낄 수 있다.

VIII

특별히 잘 설계된 구조물에는 약간의 피해가 있고, 일반 건축물에서는 부분적인 붕괴와 더불어 상당한 피해를 일으키며, 부실건축물에는 아주 심하게 피해를 준다. 창틀로부터 창문이 떨어져 나간다. 굴뚝, 공장 물품더미, 기둥, 기념비, 벽들이 무너진다. 무거운 가구가 넘어진다. 모래와 진흙이 약간 분출 된다. 우물물의 변화가 있다. 차량을 운행하기가 어렵다.

 IX

특별히 잘 설계된 구조물에도 상당한 피해를 준다. 잘 설계된 구조물의 골조가 기울어진다. 구조물에 부분적 붕괴와 함께 큰 피해를 준다. 지표면에 선명한 금자국이 생긴다. 지하 송수관도 파괴 된다.

 X

잘 지어진 목조 구조물이 부서지기도 하며, 대부분의 석조 건축물과 그 구조물이 기초와 함께 무너진다. 지표면이 심하게 갈라진다. 기차선로가 휘어진다. 강둑이나 경사면에서 산사태가 발생하며, 모래와 진흙이 이동한다. 물이 튀며, 둑을 넘어 흘러내린다.

 XI

남아있는 석조구조물은 거의 없다. 교량이 부서지고 지표면에 심한 균열이 생긴다. 지하 송수관이 완전히 파괴된다. 지표면이 침하하며, 연약지반에서는 땅이 꺼지고 지층이 어긋난다. 기차선로가 심하게 휘어진다.

 XII

전면적인 피해가 발생한다. 지표면에 파동이 보인다. 시야와 수평면이 뒤틀린다. 물체가 공중으로 튀어 나간다.

4) 지진의 영향

지진은 갑자기 예고 없이 발생하며 언제, 어디서라도 발생할 수 있다. 대지진은 건물의 붕괴와 함께 즉각적으로 발생하는 화재, 고속도로 및 교량의 파괴, 정전, 단수 등으로 수많은 인명피해와 재산의 손실을 유발한다.

불과 몇 십초 사이에 많은 시설물이 파괴된 피해현장은 구조대의 접근도 어렵다. 구조대원도 피해자일수 있고, 제한된 인원과 장비로는 모든 현장에 출동할 수 없으며, 교량과 도로의 두절은 많은 사람들이 생사의 갈림길에 처해 있는 피해현장에 신속하게 도달하기 어렵게 만든다.

대지진은 자연을 파괴하며 현대문명을 자랑하는 인간의 교만에 대해 엄청난 대가를 치르게 하는 무서운 재난이다. 이러한 지진의 피해를 최소화하는 방법은 미리 대비하고 지진 발생 시 적절한 행동을 취하는 방법 밖에 없다.

2. 인명이 희생되는 원인

우리는 이미 삼풍백화점 붕괴, 성수대교 붕괴, 와우아파트 붕괴사건 등으로 취약한 구조물이 많은 인명피해를 유발한다는 것을 체험하였다.

지진 발생 시 공포에 싸여 침착하지 않으면 생명에 위협을 받을 수 있다. 또 건물의 붕괴보다는 화재에 의한 희생자가 클 수 있고 화재 시 직접적인 화상보다도 연기에 질식하는 경우가 더 많다. 지진으로 교통이 두절되면 생필품의 부족이나 단수로 인하여 굶주리게 되고, 무너진 건물 더미 속에서 구조되지 못한 채 배고픔과 추위, 그리고 절망감에 목숨을 잃게 되는 경우도 많다.

또한 바닷가에서는 지진에 의한 해일이 많은 인명피해를 낼 수 있고, 사람들이 많은 곳에서는 공포에 따른 돌발적인 행동으로 많은 사람들이 희생될 수 있다.

이렇게 지진은 순간적으로 우리의 생활을 강타하여 큰 피해를 입힐 수 있으므로, 인명피해가 발생할 우려가 있는 사항들을 잘 기억해서 지진 발생 시 신속한 대처로 자신과 가족 그리고 이웃의 생명을 구해야 한다.

사느냐 죽느냐? 이것이 문제로다!

부상과 사망은 대부분 다음과 같은 원인으로 발생한다.
1. 건물 붕괴로 인한 매몰
2. 부착물, 건물의 부서진 조각, 깨진 유리, 가구나 장식물 등에 의한 부상
3. 화재에 의한 화상 및 유독가스로 인한 질식   4. 탈수 현상   5. 굶주림
6. 추위   7. 절망감   8. 바닷가의 해일   9. 산사태   10. 공포로 인한 극적인 행동

세계 각국의 주요 지진

발생일	발생 장소	진도	희생자(명)
1923. 9. 1	일본 간토	7.9	14만3천
1960. 5.22	칠레	9.6	1천7백
1976. 7.28	중국 당산	7.8	24만2천
1988.12. 7	아르메니아	6.9	2만5천
1990. 6.21	이란 길란주	7.7	4만
1995. 1.17	일본 고베	7.2	6천4백
1999. 8	터키	7.3	1만7천
2001. 1.26	인도 구자라트	7.9	2만여
2003.12.26	이란	6.7	3만2천
2004.12.26	인도네시아 수마트라	9.1	28만
2005.10. 8	파키스탄 카슈미르	7.6	8만6천
2008. 5.12	중국 쓰촨성	8.0	8만7천
2010. 1.12	아이티	7.0	31만
2011. 3.11	일본 도호쿠	9.0	1만8천
2018. 9.28	인도네시아 팔루	7.5	

세계의 지진과 우리나라의 지진

1. 세계의 지진

지구촌에 지진은 수없이 많이 발생하고 있다. 다만 그 규모가 작은 지진은 일일이 감지되지 않고 있고 또 무시되고 있다. 그러나 대지진의 발생은 인간의 삶을 파괴하고 큰 불행을 초래하고 있다.

1556년 1월 23일 중국 산시성의 지진에서는 83만여 명으로 추산되는 인명이 희생되었고 1737년 10월 11일 인도의 캘커타에서 일어난 지진으로 30만여 명의 생명을 잃었다고 한다. 그 당시 지진에 대해서는 남의 이야기로 말하던 유럽에도 1775년 11월 1일 포르투갈의 수도 리스본에서 6만여 명이 목숨을 잃는 지진이 발생하였다.

1976년 중국 당산 지진에서는 25만여 명의 희생자가 발생했다고 한다. 1995년에는 일본 고베에 규모 7.2지진이 발생하여 6,400여 명이 목숨을 잃었고, 2004년 12월 26일 인도네시아 수마트라 서쪽 해역에서 규모 9.0 지진이 발생하여 24만여 명이 희생되었다. 2011년 3월 11일에는 일본에서 규모 9.0 지진이 발생하여 1만8천여 명이 소중한 생명을 잃었다. 2018년 9월 28일에는 인도네시아 팔루 지역에서 규모 7.5 지진으로 인한 쓰나미로 지역이 파괴되고 많은 사람들이 희생되었으나 정확한 피해는 밝혀지지 않고 있다.

그 외 많은 지역에서 규모 8.0 이상의 격진들이 발생하였고 세계는 지금 지진의 공포심이 가중되고 있으며 갈수록 더 큰 지진과 막심한 피해들이 예견되고 있다.

여기에서 특이할 사항은 지진에 대비하는 나라와 그렇지 못한 나라와의 차이다. 1989년 10월 17일 규모 7.1의 샌프란시스코 지진에서는 약 83억불의 재산손실과 116,882채의 건물이 손상을 입었지만, 불과 사망자 62명, 부상자 3,000명, 이재민 14,000여 명 등이 발생하였다. 또한 1994년 1월 17일 캘리포니아 노스리지의 규모 6.8 지진에서는 사망자 58명과 부상자 1,500여 명이 발생되었고, 건축물 10여만 채가 파손되었다. 그러나 1988년 12월 7일 발생한 아르메니아 지진에서는 25,000여 명 이상이 사망하였고, 1999년 터키 지진에서는 17,000여 명 이상이 희생되었다.

이러한 차이는 지진을 대비한 건축물의 내진설계와 평소 국민들의 대비인식에 따른 결과라고 할 수 있다. 이런 큰 지진을 통하여 수도관, 송전선, 가스관 등의 라이프 라인과 지반 특성인 액상화 현상으로 인한 건축물의 내진설계에 대한 중요성이 대두되었다.

2. 우리나라의 지진

우리나라도 이제 지진 안전지대가 아니다. 현재까지 조사된 역사 기록상의 지진만도 1,800여 회에 이르고 MM진도 5 이상(규모 4.3)도 400여 회 정도가 있었다고 한다. MM진도7(규모 5.3) 이상 지진으로 추정되는 역사 지진만도 약 45회 이상으로 조사되었다.

■ 우리나라 연도별 지진통계

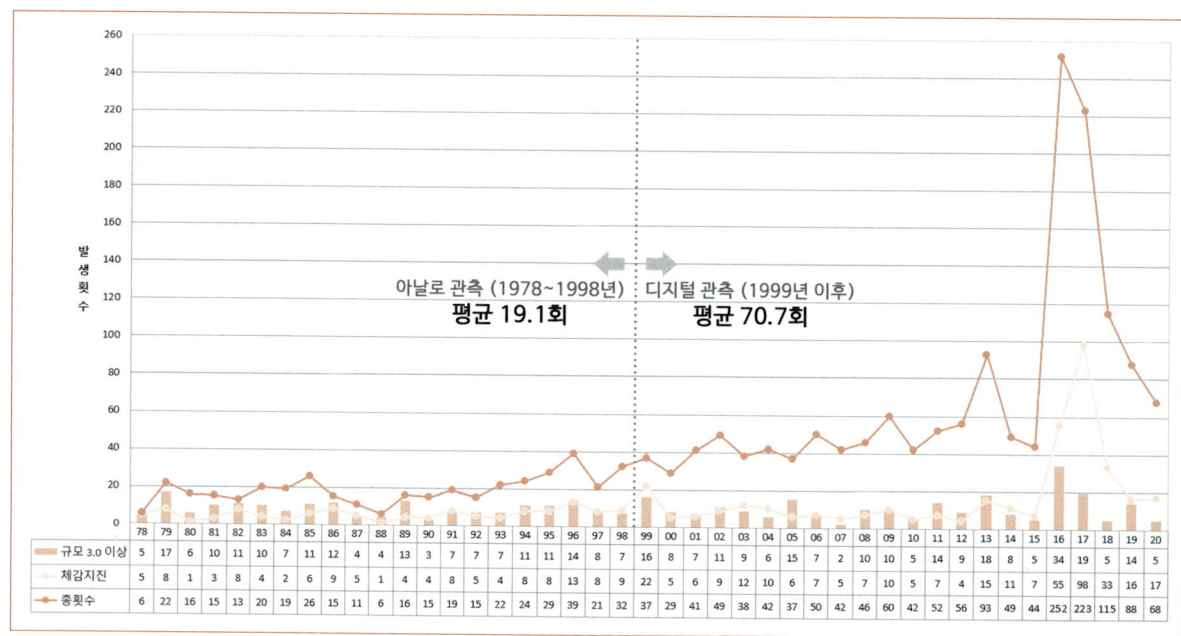

출처 : 기상청

삼국사기에는 서기 779년 신라 혜공왕 15년 춘삼월에 경주에서 지진이 발생하여 100여 명이 희생되었다는 기록이 있고, 최근 들어 우리나라의 지진활동은 꾸준히 증가하고 있어 다시 지진 활동기로 접어든 것으로 관측되고 있다.

2000년 이전에는 연평균 19회 정도 작은 규모의 지진이 발생하였으나, 1999년에서 2017년 사이에는 평균 67회 정도로 급증하였다. 1996년에는 39회, 2013년 93회에 이르렀고, 2016년에는 252회, 2017년에는 223회를 기록하였다.

그 동안 우리나라는 약진으로 규모 4.0 이하가 대부분이었으나 규모 5.0 이상의 지진이 증가하여 불안감을 더하고 있다.

이렇게 최근 들어 건물구조가 취약한 우리나라에 규모 5 이상의 지진이 발생하고 있다는 것은 심각한 문제이다. 실제로 1978년 9월 16일 속리산 부근에 규모 5.2, 같은 해 10월 7일 홍성에 규모 5.0의 지진이 발생하였다. 2016년 9월 12일 오후 7시 44분 32초에 경주에서 규모 5.1이, 오후 8시 32분 54초에는 규모 5.8로 지진이 발생하였다. 2017년 11월 15일 오후 2시 29분 31초에는 포항에서 규모 5.4의 천발지진이 발생하여 시민들이 공포에 떨었다.

이제 우리나라가 더 이상 지진의 안전지대가 아님을 말해주고 있으며, 규모 6.5 이상의 강진이 서울을 강타할 확률이 매우 높다고 주장하는 학자들도 있다. 환경파괴가 급속히 진

■ 우리나라 지진 규모별 순위

No.	규모 (Ml)	발생연월일	진원시	발생지역
1	5.8	2016. 9.12.	20:32:54	경북 경주시 남남서쪽 8km 지역
2	5.4	2017.11.15.	14:29:31	경북 포항시 북구 북쪽 8km 지역
3	5.3	1980. 1. 8.	8:44:13	평북 서부 의주-삭주-귀성 지역 (북한 평안북도 삭주 남남서쪽 20km 지역)
4	5.2	2004. 5.29.	19:14:24	경북 울진군 동남동쪽 74km 해역
4	5.2	1978. 9.16.	2:07:05	충북 속리산 부근지역 (경북 상주시 북서쪽 32km 지역)
6	5.1	2016. 9.12.	19:44:32	경북 경주시 남남서쪽 9km 지역
6	5.1	2014. 4. 1.	4:48:35	충남 태안군 서격렬비도 서북서쪽 100km 해역
8	5	2016. 7. 5.	20:33:03	울산 동구 동쪽 52km 해역
8	5	2003. 3.30.	20:10:52	인천 백령도 서남서쪽 88km 해역
8	5	1978.10. 7.	18:19:52	충남 홍성군 동쪽 3km 지역
11	4.9	2013. 5.18.	7:02:24	인천 백령도 남쪽 31km 해역
11	4.9	2013. 4.21.	8:21:27	전남 신안군 흑산면 북서쪽 101km 해역
11	4.9	2003. 3.23.	5:38:41	전남 신안군 흑산면 서북서쪽 88km 해역
11	4.9	1994. 7.26.	2:41:46	전남 신안군 흑산면 서북서쪽 128km 해역

전되는 시점에서 언제 서울에 엄청난 비극이 닥쳐올지는 아무도 예측할 수 없다.

 최근 들어 영월, 속리산, 울산, 서해안, 경주, 포항 등 곳곳에서 중진급의 지진들이 증가하고 있음은 200년 내지 300년의 지진주기설이 제기되는 우리나라에 큰 재앙을 몰고 올 대지진이 가까워 오고 있다는 경고임을 심각하게 받아 들여야 한다.

경주지진

 우리나라 지진관측상 가장 큰 규모의 지진은 2016년 9월 12일 경상북도 경주에서 발생한 규모 5.8의 지진이다. 규모 5.1의 전진이 발생한 후 약 50분 후에 발생한 규모 5.8의 지진으로 경주, 대구에서 건물이 심하게 흔들리고 일부 유리와 지붕, 기와가 파손되는 등 최대진도 VI을 기록하였고, 수도권을 비롯한 전국 대부분 지역에서도 지진이 감지되었다. 또한 부상자 23명 및 9,368건의 재산피해를 발생시켰다. (출처: 행정안전부)

 경주지진에서 규모 2.0 이상의 여진이 167회 발생하였다.

포항지진

 2017년 11월 15일 포항시 흥해 지역에서 발생한 규모 5.4의 지진이다. 약 7분전에 규모 2.2와 2.6의 전진이 발생하였고 본진 후 79회의 여진이 발생하였다.

꼭, 기억하세요!

1. 지진은 갑자기 예고 없이 발생한다.
2. 지진은 당신이 사는 지역에서 발생할 수 있다.
3. 구조대원들이 즉시 출동할 수 없다.
4. 준비한 만큼 생존가능성이 높아진다.

제 1 장

지진이다!
어떻게 해야 하나?

지진! 당신은 무언가를 해야 합니다.
지진 전, 지진 중, 지진 후에 무엇을 할 것인지를 알면 살 수 있습니다.
Earthquake! Do Something!
You and Your Family can Survive an Earthquake by Knowing
What to do before, during, after.

지진 발생 시 3대 원칙

생존에 매우 중요하므로 평상시에도 꼭 익히고 숙지하여 지진 발생 시에는 원칙에 따라 신속하게 행동하여야 한다.

제1원칙, 몸의 안전을 확보한다

1) 안에 그대로 머무르라

지진 중에 가장 위험한 곳은 건물 바로 바깥이다. 지진이 발생하면 본능적으로 밖으로 뛰어나가게 되는데 미국 일본에서는 안에 그대로 머물도록 경고한다.

안에 머물러야 하는 이유는 제대로 지은 건물은 폭삭 주저앉지 않으며, 대부분의 경우 땅이 흔들릴 때 떨어지는 유리 조각, 벽돌이나 콘크리트 조각, 간판들에 맞아서 부상을 당하기 때문이다. 하지만 우리나라 건물은 취약해서 건물의 붕괴가 더 큰 참사를 불러올 수도 있다.

그러나 지진이 발생하는 몇 십 초 사이에 외부로 피할 시간이 없고 탈출할 때 중심을 잃어 더 큰 피해를 초래할 수 있으므로 건물 안에서 보호조치를 취해야 한다. 특히 아파트나 공동주택의 경우 이 점을 깊이 명심해야 한다.

2) 당황하지 말라

어차피 지진은 발생한 것이니 당황하지 말라. 내가 당황하면 가족이나 주위에 큰 피해를 유발할 수 있다. 큰 지진이 발생하면 건물의 붕괴, 화재 등으로 가족이 죽고 다치는 비참한 환경에 처하여 침착하게 대처하기 매우 어렵다.

아무리 큰 지진이라도 1분 정도면 가라앉으므로 주위의 상황을 잘 파악하고, 당황하여 밖으로 뛰어나가지 말라. 피해를 최소한으로 줄이기 위해서는 서두르지 말고 침착하게 행동해야 한다.

3) 지진 발생 시 세 가지 기본행동

이 세 가지 기본행동으로 몸을 보호해야 한다. 넘어질 우려가 있는 가구에서 멀리 떨어져 즉시 튼튼한 책상이나 탁자, 침대 밑으로 들어가 엎드리고 가리고 탁자를 꽉 잡아 자신을 보호하라. 테이블은 지진 중에 움직이기 때문에 꽉 잡아야 한다.

▶ 엎드린다
▶ 가린다
▶ 꽉 잡는다

　테이블 밑에 들어갈 수 없는 경우에는 벽에다 등을 대고 몸을 구부려 얼굴을 팔꿈치 사이에 파묻는다. 그리고 팔과 손으로 목과 머리를 보호하거나 가방이나 책, 방석, 베개 등으로 머리와 목을 가려 떨어지는 물건으로부터 자신을 보호하라. 손으로 가릴 때는 5cm 정도를 떼어 쿠션 역할을 하도록 한다. 그리고 유리 파편 등의 낙하물로 인해 동맥이 끊어지지 않도록 꼭 손바닥을 밑으로 한다.

　아무튼 지진이 발생하면 즉시 벽이나 테이블 등을 의지하고 몸을 최소화하여 머리와 목을 보호하는 즉각적인 행동을 취해야 한다. 침대에 있을 경우에는 이불과 담요로 몸을 덮고 베개로 머리를 보호한다. 지진이 올 때마다 이 간단한 방법을 꼭 사용하라. 휠체어를 사용하는 장애인은 휠체어를 고정시키고 위의 설명대로 머리를 보호한다.

제2원칙, 탈출구를 확보한다

　지진이 심하면 아파트나 공동주택의 출입문이 뒤틀려서 안 열리는 수가 있다. 탈출구가 막히면 화재발생 시 큰 위험을 당할 수 있다. 지진 중에라도 가능하면 출입문을 열어 미리 탈출구를 확보한다. 탈출구가 확보되지 않을 경우를 대비하여 창문이나 베란다에 완강기 같은 비상용 탈출 기구를 설치하는 것이 좋다.

제3원칙, 사용하던 불을 끈다

    화재발생의 원인을 제거하기 위해 지진이 약할 때는 즉시 사용하던 가스기구의 중간 밸브를 잠그고 전기기구는 스위치뿐 아니라 콘센트도 뺀다. 단 격렬한 지진이 오면 지진 발생 시 세 가지 기본행동으로 먼저 몸의 안전을 확보하고 지진이 멎은 후 사용하던 불을 끈다.

 *1층과 2층 중 어느 쪽이 더 안전한가?*

    1층과 2층 중 어느 쪽이 더 안전한가는 상황에 따라 다르다. 지진 발생 시 일반적으로 1층보다 2층이 더 안전하다. 고베 대지진에서는 1층이 무너지는 경우가 많았다. 그러나 화재가 발생하였을 때는 2층보다 1층이 대피하기 쉽고 일단 불이 나면 "마(魔)의 2층"이 되기 쉬우므로 주의해야 한다.

장소에 따른 지진 대응

지진은 언제 어떻게 일어날지 모른다. 어디에 있는가에 따라 대응법도 다르므로 평상시부터 여러 가지 상황에 따른 대응법을 숙지해야 한다. 특히 사람이 많이 모이는 장소에서는 공포 상태에 빠지지 않도록 하라. 당황하지 말고 침착하게 행동하는 것이 필요하다.

1. 집안에서의 지진 대응

1) 자고 있었을 때

- 이불이나 베개 등으로 머리를 보호하면서 넘어질 염려가 있는 옷장, 화장대 등으로부터 가능한 한 멀리 떨어지도록 한다.
- 위험한 가구가 없을 때는 즉시 이불을 덮거나 침대 밑으로 들어가 지진이 그칠 때까지 기다린다.

2) 부엌에 있을 때

- 즉시 사용하던 불을 끈다.
- 단, 지진이 심할 때는 몸의 안전이 최우선이므로 식탁 밑에 들어가 냄비, 쟁반, 쿠션 등으로 머리를 보호한다. 지진이 그치면 불부터 끈다.
- 뜨거운 물에 화상을 입지 않도록 유의하고 수납장에서 떨어지는 그릇 등에 다치지 않도록 주의한다.

3) 화장실에 있을 때

- 화장실은 비교적 안전한 장소이므로 당황하여 밖으로 나오지 말라.
- 손으로 머리를 가리고 문은 탈출용으로 조금 열어 놓는다.

4) 욕실에 있을 때

- 욕실도 비교적 안전한 장소이므로 당황하지 말고 옷을 입고 탈출준비를 한다.
- 지진이 발생하면 탈출용으로 문을 조금 열어 놓는다.
- 옷을 벗고 있을 때는 거울의 파편에 주의한다.

5) 아기가 옆에 있을 때

- 큰 지진을 느끼면 아기는 공포에 휩싸여 예상 밖의 행동을 할 수가 있다.
- 아기의 손을 잡아 옆에 있다는 것을 확인시켜 주고 계속 말을 걸어 안심시켜야 한다.
- 환자나 노인에게는 계속 말을 걸어 불안감을 덜어 주도록 한다.

2. 직장에서의 지진 대응

고층 빌딩은 평소에도 빌딩 자체가 흔들리므로 충격을 흡수하는 내진설계가 되어 있어, 붕괴될 염려는 확률적으로 적다. 그러나 내진 설계가 제대로 되지 않고 부실 공사가 된 경우 삼풍백화점 붕괴사고와 같은 매몰로 문제가 심각해진다.

1) 책상에서 일할 때
- 당황하여 밖으로 나가지 말고, 즉시 테이블 밑으로 들어가 엎드리고 테이블 다리를 꽉 잡아야 하며, 테이블이 없을 경우에는 벽체 또는 기둥을 등지고 앉아 방석이나 가방 등으로 머리를 보호하여 몸의 안전을 확보하는 것이 최우선이다.
- 빌딩 안의 계단이나 화장실 부근은 비교적 안전하다. 만일 벽이나 천장이 무너져 내릴 경우 몸의 균형을 잡을 수 있으면 빨리 안전한 장소로 대피한다. 대피 시에는 절대로 엘리베이터를 이용하면 안 된다.
- 사물함, 책장 등이 넘어지고, 책상 위의 사무기구나 조명기구 등이 떨어지는 것을 주의하라.

2) 엘리베이터에 타고 있을 때
- 즉시 각 층의 버튼을 모두 누르고 정지된 층에서 내려야 한다.
- 대응이 늦어지면 정전 등으로 엘리베이터 안에 갇힐 염려가 있다.
- 정전 등으로 안에 갇히면 비상용 전화(Emergency Call)로 구조를 요청한다.

3. 출근 중의 지진 대응

지하철이나 버스를 타고 있을 때 지진이 발생하면 손잡이나 난간을 꽉 붙잡고 가방이나 핸드백으로 머리를 보호한다. 지진이 그쳤어도 마음대로 밖으로 나가면 위험하다. 차내 방송을 듣고 침착하게 승무원의 지시에 따른다.

1) 지하철을 타고 있을 때
지하철은 지진이 발생하였을 때 자동적으로 정지하도록 설계하는 경우가 대부분이므로 공공교통수단 중 비교적 안전하다. 흔들림은 지상의 반 정도이고 비상등이나 긴급방송 등의 방재설비나 대피유도 시스템이 비교적 잘 갖추어져 있다.

급정차로 인해 승객들이 한쪽으로 겹쳐 쓰러지는 경우를 조심하고 선반에 있는 물건들이

서 있을 때
- 손잡이 또는 선반을 꽉 붙잡는다.
- 선반에서 물건이 떨어지는 것을 대비하여 가방, 잡지 등으로 머리를 보호한다.

앉아 있을 때
- 상체를 앞으로 구부리고 다리를 벌린 채, 의자나 버팀대를 잡고 힘껏 버틴다.
- 가방이나 핸드백 등으로 머리를 보호한다.

역 구내에 있을 때
- 떨어지거나 넘어질 수 있는 열차시각 표, 모니터용 TV, 자동판매기 등에서 즉시 멀리 떨어져야 한다.
- 기둥을 붙들고 쪼그리고 앉든지 벤치 밑에 들어가 머리를 보호한다.
- 승무원이나 역무원의 지시에 따라 침착하게 행동하라.
- 당황하여 창이나 비상구를 통해 차 밖으로 뛰어내리는 것은 오히려 위험하다.

떨어지는 것을 주의한다. 공포에 찬 사람들로 인해 밀려 넘어지거나, 선로 주변의 고압전류에 감전되는 수도 있다.

역구내에 있을 때 지진이 발생하면 침착하게 기둥 옆이나 의자 밑에서 안전하게 대피를 하고, 다른 사람들이 먼저 대피하게 한 후 역무원의 지시를 따라야 한다.

정전이 되었을 경우, 캄캄한 속에서 당황하여 피하는 것보다 불이 켜진 후 대피해야 위험이 적다. 공포감에 휩싸이지 않도록 하라. 비상등이 들어오지 않을 때는 가지고 있는 휴대폰의 비상등을 이용한다. 가방이나 핸드백 등으로 머리를 보호하고 몸을 낮춘 후 빨리 벽면에 몸을 기댄다.

정전으로 캄캄할 때는 몸을 낮춘 후 손으로 벽을 더듬으며 방향을 유지하고, 계단을 찾아 빛이 비치는 곳으로 나간다.

일반적으로 지하철은 지상보다 안전한 장소지만 정전과 더불어 화재가 발생하면 이야기는 다르다. 불이나 연기로 인한 위험뿐만 아니라 환풍기 작동이 멎어 유독가스에 질식하여 사망할 우려가 있으므로 한시라도 빨리 지상으로 탈출해야 한다.

2) 버스에 타고 있을 때

운행 중에 지진이 발생하면, 운전기사는 서서히 버스 속도를 줄여 도로 우측에 정지시킨다. 승객은 마음대로 행동하지 말고 운전기사의 지시에 따른다. 버스의 손잡이, 난간, 좌석의 등받이를 꽉 잡고 놓치지 않도록 한다.

서 있을 때
- 손잡이를 꽉 잡는다.

앉아 있을 때
- 앞좌석의 등받이를 꽉 잡는다.

화재가 발생하였을 때
- 버스에서 빨리 탈출한다.
- 만일 자동문이 작동 안 될 때는 비상 콕을 이용하여 손으로 문을 연다.
- 출구, 비상구 모두 열 수 없으면, 유리창을 깨고 다른 차나 유리 파편에 주의하면서 탈출한다.

3) 자동차를 운전 중일 때

● 지진을 느끼면 서서히 속도를 줄여 차를 도로 우측에 정지시킨다. 지하도, 고가도로, 육교 그리고 나무 밑에는 정차하지 않는다.
● 정차 후에도 지진이 심할 때는 차안의 바닥에 쪼그리고 앉던지 시트에 엎드려 방석으로 머리를 보호한다.
● 지진이 멈출 때까지 차 밖으로 나오지 말고 라디오를 켜서 정보를 듣는다.
● 차에서 내릴 때는 반드시 열쇠를 꽂아 두고 차 문은 잠그지 않는다.
● 앞바퀴를 약간 틀어놓고 고임목을 사용하여 추가적인 피해가 발생하지 않도록 한다.

　운전 중에 지진을 만나면 마치 바퀴가 펑크 난 것처럼 통제하기 어렵다. 진도가 5~6도 이상이 되면 운전대를 놓쳐 반대차선으로 튀어 나갈 위험도 크다. 급정차는 위험하므로 주의하라.

4) 택시에 타고 있을 때

● 운전기사의 안내에 따라 침착하게 행동한다.
● 몸을 좌석에 깊이 묻고 앞좌석의 등받이를 꽉 잡은 후 다리에 힘을 주고 버틴다.
● 지진이 그치면 주위의 안전을 충분히 확인하면서 차에서 빠져 나온다.

공포심으로 당황하여 밖으로 나오면 다른 차에 부딪치거나 창유리의 파편 등으로 다칠 우려가 있으므로 주의해야 한다.

5) 지진을 대비한 평상시의 승차법

● 서 있을 때 : 다리를 조금 벌리고 편하게 서서, 손잡이나 난간을 꽉 붙잡는다.
● 앉아 있을 때 : 다리를 꼬지 말고 깊숙이 편안히 앉는다. 이런 자세는 만일의 경우에 상체를 앞으로 구부려서 다리에 힘을 주면 버티기 쉽다.

● 버스의 안전한 자리 : 지진이 발생했을 때 버스의 좌석 중 가장 위험한 곳은 제일 앞좌석과 제일 뒷좌석이다. 버스를 탈 때는 될 수 있는 대로 가운데에 타는 것이 좋다.
● 택시의 안전한 자리 : 택시는 운전사의 옆자리보다 뒷자리가 안전하다. 혼자 탈 때는 뒷자리에 타라. 또 차를 운전할 때 조금이라도 진동을 느끼면 즉시 자동차에 있는 라디오를 켜서 정확한 정보를 청취한다.

4. 외출중의 지진 대응

1) 마트나 백화점에 있을 때

진열장이 넘어지거나 진열되어 있는 상품이 튀어 나오는 경우가 있다.
특히 위험한 곳은 전기제품, 가구, 식기 등의 매장이다. 직원의 안내에 따라 안전한 장소로 대피한다. 침착하게 행동하고 공포로 이성을 잃지 않도록 해야 한다.
● 가방이나 핸드백 등으로 머리를 보호하고, 넘어지기 쉬우므로 쇼핑한 물건은 버린다.
● 근처의 튼튼한 테이블 밑으로 들어가던지, 기둥이나 벽에 몸을 기댄다.
● 마트에서 물건을 사고 있을 때는, 시장바구니 속의 물건을 버리고 머리에 쓰는 것도 좋다.

● 당황하여 출구로 몰리지 말고 훈련받은 직원의 안내에 따른다.(직원들의 대피 훈련 필요)
● 대피는 엘리베이터가 아닌 계단을 이용한다.
● 엘리베이터가 정지되면 비상전화를 이용하여 구조를 요청한다.
● 아기를 데리고 있을 때는 반드시 아기의 손을 잡고 옷 등으로 아기머리를 보호한다.

2) 호텔이나 모텔에 있을 때

 일부 고급호텔을 제외하고는 철근 콘크리트 건물이라도 안심할 수 없다. 더욱 위험한 곳은 로비나 연회장 등 기둥이 적은 넓은 공간으로, 로비나 연회장에 있으면 훈련받은 종업원의 지시에 따라 안전한 장소로 대피한다. 호텔 내에 비교적 안전한 곳은 계단이나 화장실 부근이다.

- 체크인 하면 우선 비상구나 탈출 장비를 확인한다.
- 대피하기가 어려울 때는 테이블이나 식탁 밑에 들어가던지 기둥 옆으로 이동하여 머리를 보호한다.
- 방에 있으면 침대 밑에 들어가 몸을 보호하고 가능하면 지진 중에도 문을 열어 탈출구를 확보한다.
- 유리의 파편 등으로 발에 상처를 입지 않도록 구두나 슬리퍼를 신는다.

3) 영화관, 극장 또는 홀(Hall)에 있을 때

 영화관이나 극장은
 ① 실내 공간에 비해 기둥이 적다.
 ② 통로가 좁고 출입구가 적다.
 ③ 조명이 어둡다.

 따라서 영화관이나 극장은 지진에 매우 취약하다. 많은 사람이 모여 있는 곳이므로 갑자기 혼잡한 출구로 몰리면 큰 피해를 입을 수 있다.

- 출구나 비상구에 가까운 좌석일 때는 빨리 탈출하라.
- 그러나 출구에서 멀리 있을 때는 차라리 잠시 기다렸다가 대피하는 것이 오히려 위험이 적다.

영화관이나 극장에서 화재가 발생하면

 영화관이나 극장 등 사람이 많은 폐쇄된 공간에서 화재가 발생하면 관객은 공포로 거의 이성을 잃게 된다. 출구 가까이 있을 때는 즉시 탈출하는 것이 좋지만 먼 경우는 차라리 사람들을 피해 일단 화장실로 가는 것도 한 가지 방법이다. 손수건에 물을 적셔 입에 대고 연기를 피하면서 사람들이 줄어들면 대피한다.

- 의자를 올린 후, 자세를 낮추고 핸드백, 가방, 코트 등으로 머리를 가린다.
- 지진이 그치면 훈련받은 직원의 안내를 기다린다.

4) 음식점에 있을 때

불을 많이 쓰는 음식점은 화재가 발생하기 쉽다.
- 화재가 발생하면 테이블에 있는 물수건을 이용하여 호흡하고 몸을 낮추어 피한다.
- 요리를 위해 불을 사용하고 있을 때는 지진이 멎은 후 반드시 불을 끈다.
- 지진을 느끼면 테이블 밑으로 들어가 핸드백이나 옷 등으로 머리를 보호한다.
- 출구에 가까운 자리에 있을 때는 낙하물을 피하면서 출구 쪽으로 피하여 탈출한다.
- 창가의 좌석에 있을 때는 유리 파편으로 부상당할 염려가 있으므로 빨리 중앙이나 출구 부근으로 이동한다.

5) 경기장에 있을 때

야구장 같은 경기장은 관객이 적을 때는 비교적 안전한 장소이다. 그러나 관객이 많을 때는 문제가 커진다. 한꺼번에 관객이 출구로 몰리면 매우 위험하다.

특히 야간경기 중에 정전이 됐을 때는 침착하게 행동해야 한다.
- 돔(Dome)이 없는 야구장이나 축구장일 경우 계단식 관람석일 때는, 당황하여 출구로 몰리지 말고, 오히려 넓은 경기장 중앙으로 대피하는 것이 안전하다.
- 아이를 데리고 갔을 때는 아이를 안거나 손을 꼭 잡고 이야기하며 안심시키도록 한다.

6) 지하상가에 있을 때

지하상가는 철 구조물에 의한 내진구조로 되어 있기 때문에 무너질 확률은 적다.
- 벽면이나 큰 기둥에 몸을 대고 직원의 지시를 기다린다.

● 정전이 되어도 비상용 전등이 있으므로 침착하게 행동한다. 필요시 휴대전화의 비상등을 이용한다.
● 화재가 발생하였을 때는 손수건이나 수건으로 코와 입을 막고 몸을 굽히고 벽을 따라 대피한다.(연기가 흐르는 방향으로)

5. 밖에 있을 때의 지진 대응

1) 주택가에 있을 때
● 블록 벽, 돌담, 전선 등을 피해 빨리 안전한 넓은 장소로 이동한다.
● 떨어지는 유리창이나 기와 등으로 부상당하기 쉬우므로 건물 주위에는 가까이 가지 말고 넓은 장소로 피한다.

2) 상가나 빌딩가에 있을 때
● 그 자리에 서 있지 말고 빌딩, 전깃줄, 벽 또는 나무 등 넘어질 수 있는 물체에서 멀리 떨어진 넓은 공간에 주저앉는다.
● 도로로 달려가지 말라.
● 건물 바로 곁에 있을 때는 간판이나 깨진 유리창, 타일 등 위험한 낙하물에 주의하면서 빨리 건물 안으로 뛰어 들어가는 것이 더 안전하다. 그러나 건물이 취약한 우리나라의 실정으로는 오히려 위험할 수 있다. 가능하면 넓은 공지로 피하라.
● 대피할 장소를 잘 골라라. 낙하 위험이 없어도 목조건물, 자동판매기, 블록 벽 근처, 빌딩 사이로는 절대로 피하지 말라.
● 늘어진 전선은 감전 위험이 크므로 절대 가까이 가지 말라.

3) 바닷가에 있을 때
지진의 2차 피해에서 가장 무서운 것 중의 하나인 해일(쓰나미)은 아주 빠른 속도로 집, 차, 사람 등을 휩쓸어 버린다.
해일의 피해가 예상되는 해변지역에서는 지진을 느끼면 즉시 높은 곳으로 대피해야 한다. 특히, V자형 해안의 속이 좁아진 곳은 피해가 커지는 경향이 있으므로 주의한다.
● 해변에서 지진을 느끼면, 해일경보나 해일주의보가 발령되었거나, 아직 발령되지 않았을 때라도 빨리 높은 곳으로 대피하여 해일에 관한 정보를 듣는다.
● 대피할 기회를 놓치면 건물의 위층(3층 이상)으로 피한다.

● 해일은 제1파보다 제2파 이후가 클 수도 있어 경보나 주의보가 해제될 때까지 절대로 해안부근에는 가까이 가지 않도록 한다.

4) 산간지역이나 절벽근처에 있을 때
　산 근처 및 하단 지역, 절벽 옆에서는 산사태에 주의해야 한다.
● 산사태의 우려가 있을 때는 아래로 향하여 피하는 것보다 옆 방향으로 대피해야 위험이 적다.
● 절벽근처에 지은 집은 될 수 있는 대로 절벽의 반대쪽에 있는 방에서 생활하도록 한다.
● 절벽의 높이 2배 이상 떨어져 있으면 다소 안전하다.

꼭, 기억하세요!

1. 몸의 안전을 확보한다.
2. 건물 안에 있을 때는 그대로 머무른다.
3. 여진이 올 때마다 엎드리고, 가리고, 꽉 붙잡는다.

해일은 순식간에 덮쳐 온다. 즉시 높은 곳으로 피하라

1993년의 일본 홋카이도에서 지진이 발생했을 당시 최대 20m를 넘는 대해일이 진원지에 가까웠던 한 섬을 급습하여 엄청난 피해를 입혔다. "대피하려 했으나 이미 해일이 덮치고 있었다."라는 증언처럼, 지진 발생 후 해일이 오기까지 시간은 겨우 5분이었다고 한다. 직하형 지진일 때는 해일경보나 해일주의보가 발령된 후 대피하는 것은 이미 늦다. 해변 지역에 있는 사람은 격렬한 지진을 느끼면 즉시 높은 곳으로 대피해야 한다.

제2장

지진 직후는 이렇게 행동하라

지진! 당신은 무언가를 해야 합니다.
지진 전, 지진 중, 지진 후에 무엇을 할 것인지를 알면 살 수 있습니다.
Earthquake! Do Something!
You and Your Family can Survive an Earthquake by Knowing
What to do before, during, after.

지진 후 필수행동 6가지

- **부상 여부를 조사한 후 응급치료(First Aid)**
  자신의 부상을 먼저 확인하고 응급 처치하라
- **안전 여부 확인**
  가족과 이웃의 안전여부를 확인하고 서로 도와 구조하라.
- **화재 방지**
  절대 라이터를 켜거나 전원스위치를 올리지 말고 화재 발생 시 초기 소화를 하라.
- **신발 착용**
  파손된 물건이나 깨진 유리가 흩어진 곳에서는 신발을 신어라.
- **상황파악**
  라디오나 TV, 휴대전화로 상황을 파악하고 안전대책 기관의 지시를 들어 유언비어에 현혹되지 말라.
- **꼭 필요한 경우 외에는 전화사용 금지**

[지진 직후의 대응절차]

1. 지진 직후 제일 먼저 해야 할 일은?
- 우선 상처가 없는지 자신을 살펴본다.
- 피가 나면 상처를 눌러 피를 멈추고 필요하면 도움을 요청하라.

2. 자신의 보호를 위해 할 일은?
- 우선 자신을 보호할 수 있는 옷을 입고 작업용 장갑, 안전모, 부츠나 작업화를 신고 그 밖에 보호장비를 착용하라.
- 특히 깨진 유리에 발을 다치지 않도록 조심하라.

 **초기 소화가 중요!**

초기 소화란 불이 마룻바닥 등 옆으로 번지는 경우 또는 커튼이나 문에 옮겨 붙을 때까지 불을 끄는 것을 말한다. 이때는 누구든지 불을 끌 수 있다. 당황하지 말고 침착하게 불을 끈다. 목조 가옥에서 불이 천장으로 옮겨 붙으면 소방관 없이 불을 끄기 어렵다. 빨리 대피하고 이웃과 함께 불을 끄도록 하라.

3. 나의 안전이 확인된 후 무엇을 해야 하나?

● 가족이나 이웃의 부상을 확인하고, 부상이 심한 사람은 더 이상 다칠 위험이 없으면 움직이지 않도록 하라.
● 응급환자는 응급처치를 하라. 4분 이내의 응급처치가 생사를 가를 정도로 중요하다. (평소에 응급처치를 꼭 배워 두라)

4. 응급처치 후 제일 먼저 해야 할 일은?

● 화재 발생여부와 발생 가능성을 조사하라.
● 가스누출 여부를 살피고 필요한 조치를 취하라.
● 전깃줄에 이상이 있으면 전기를 차단하고 전깃줄에 닿은 물건은 만지지 말라.
● 위험한 인화물질은 빨리 치우라.

5. 가스가 누출될 경우 어떻게 해야 하나?

● 창문을 열어 환기를 시키고 가스의 중간 밸브를 차단한 후 건물 밖으로 나가라.
● 가스냄새가 날 때는 절대로 불을 사용하지 말라.
● 선풍기·전기 스위치도 폭발을 일으키는 원인이 되므로 절대 손을 대지 말라.

6. 정전일 경우 불을 비추려면 어떻게 하나?

● 손전등이나 모바일 폰의 손전등 기능을 사용해야 한다. 절대로 성냥이나 촛불, 라이터 등을 사용하지 말라.
● 촛불은 여진으로 바닥에 떨어지면 쉽게 화재가 날 수 있다.
● 촛불은 가스가 누출되었을 경우 폭발의 위험이 있으므로 사용하지 말라.

7. 화재가 발생했으면 어떻게 하나?

● "불이야" "불 꺼"라고 외치며 소화기 또는 소화전을 사용하거나, 이불을 물에 적셔 불을 끄고, 작은 불이라도 119에 신고한다.

8. 화재도 없고 가스 누출도 없으면 무엇을 해야 하나?

● 퓨즈 박스나 차단기의 위치를 알면 전기를 차단해야 한다. 다시 화재를 일으킬 수 있다.

기억하라! 먼저 나를 살핀 후 다른 사람을 살피라.

9. 주변을 확인한다.

- 가스, 상수도 및 하수도의 깨진 틈, 전기 누전, 전깃줄, 건물피해, 굴뚝과 건물기초의 피해를 조심스럽게 점검하라.

10. 건물을 확인한다.

- 건물에 얼마나 피해가 발생했는지 확인하고 특히 지붕 밑 방과 지붕선(線)을 조사하라.
- 굴뚝에 접근할 때는 조심하라.
- 창고나 높은 위치의 물건을 주의하고 물건이 떨어지는지 조심하라.

11. 주위에 별다른 피해가 없다면 어떻게 행동하나?

- 그 자리에 그대로 있으라.
- 그리고 라디오나 TV, 또는 휴대전화를 통해 지진에 대한 정보를 얻도록 하라. (정전을 대비해 여분의 배터리를 준비한다.)
- 관공서의 지시가 있을 경우 대피한다. 재해 시에는 공포와 불안으로 혼란 상태나 유언비어가 발생할 우려가 있어 대단히 위험한 상황이라고 할 수 있다. 기상청, 행정안전부의 재난안전 포털, 구청이나 시청, 소방서, 경찰서 등의 지시를 따르고 만일 대피하라는 방송이나 지시를 받으면 즉시 대피할 수 있도록 준비한다.

12. 건물이 위험하면 밖으로 나간다.

- 반드시 걸어서 층계로 내려가야 한다. 절대 엘리베이터를 타지 말라.
- 부서진 계단, 콘크리트 조각이나 유리 등을 조심하고, 위치가 바뀐 물건들을 조심해야 한다. 유동물질로 언제든지 부상당할 수 있음을 잊지 말라.
- 건물을 나가면 즉시 넓은 곳으로 피하고 손전등, 라디오 그리고 식수 등이 담긴 지진 배낭을 가지고 대피소로 가라.
- 가족 중에 젖먹이나 어린아이, 노인, 환자 그리고 신체 장애인이 있으면 필요한 물건을 챙겨라.
- 화재로 인해 출입문을 이용할 수 없을 경우, 베란다 등을 통해 비상탈출을 해야 한다. 특히 아파트나 고층건물에서는 비상탈출기구(완강기, 로프 등)를 준비하는 것이 중요하다.

재난을 극복하는 지혜: 이웃과 함께!

재난이 발생하였을 경우 이웃끼리 서로 도와야 한다. 구조의 손길이 미치기에는 너무 많은 지역이 피해를 입으므로, 소방서 등의 구조, 구급활동을 기대하기 어려운 경우가 많다. 반드시 이웃집의 안전을 확인하고 피해를 입었을 경우 서로 도와야 한다. 응급처치나 화재진압, 부상자 구출 등에는 이웃과의 긴밀한 협조가 필수적이다. 바로 이런 자세가 내가 살 수 있는 방법이다. 평소 이웃과의 관계를 돈독히 하고 지역의 재해 방재 대책에 깊은 관심을 가져야 한다.

13. 물은 어떻게 구하나?

- 비상식수, 얼음, 보일러실, 화장실 등에서 물을 구한다.
- 비상식수의 준비는 중요하다.

14. 화장실은 어떻게 사용하나?

- 하수도의 파손여부를 확인 후 사용한다.
- 하수도가 파손되고 물이 없을 때는 큰 비닐봉지를 넣어 사용 한다.

15. 식사는 어떻게 하나?

- 비상식이 배급되기까지는 준비된 비상식량을 먹는다.
- 깨진 유리 근처에 있는 음식은 먹지 말고, 손수건이나 천에 걸러 먹어야 한다.
- 정전되었을 경우 냉장고에서 빨리 상하는 음식부터 먹으라. (비상식은 7~15일분의 음식을 준비하라)

16. 도움을 요청한다.

- 이웃, 공공기관이나 적십자, 자원봉사자, 지역자율방재조직의 도움을 요청한다.

17. 그 외에 필요한 조치는 무엇인가?

- 유언비어를 퍼뜨리지 말라. 천재지변을 악화시킬 수 있다.
- 구급차의 통행이 방해받지 않도록 유의한다.
- 꼭 필요한 경우 외에는 전화를 쓰지 말라.

화재 발생, 그때는?

신고요령 정확하고 침착하게

여기는 ○○구 ○○로 ○○ (또는 옛 번지 주소)
○○건물 몇 층에서 불이 났습니다.

신고자의 이름을 알려준다.

가능하면 화재상황을 간략히 말해주고 사람이 안에 있는지를 알려주면 더 좋다.

빨리 알린다

빨리 불을 끈다

빨리 피한다

1. 초기 화재진압의 3대 "빨리" 원칙

1) 빨리 알린다

● 작은 불이라도 혼자서 끌려고 하지 말고 큰소리로 "불이야" 하고 외쳐 주위 사람들에게 알려야 한다.

● 즉시 119에 신고하여 신속하게 소방차가 출동할 수 있도록 한다. 그러나 큰 지진이 발생하면 119의 도움을 받기 어렵다는 것도 명심해야 한다.

2) 빨리 불을 끈다

지진에서 무서운 것은 화재로 인한 2차 피해다. 작은 지진이라도 반드시 불 단속을 하라. 만일 화재가 발생하면 초기에 불을 꺼야 한다. 이것이 피해를 최소한으로 만드는 줄이는 요령이다. 소화는 최초의 3분간으로 승부가 난다. 단 불을 끌 수 있는 것은 천장에 불이 붙을 때까지이며 그 이상은 위험하므로 소방서에 맡겨야 한다. 소화기, 물, 담요 등 가까운 곳에 있는 것을 모두 활용한다.

① 화재의 상황에 따라 다음과 같은 조치가 필요하다.
- 분전반이나 차단기 등의 전기 스위치를 내린다.
- 석유난로 등 유류에 불이 붙었을 때는 담요나 이불을 물에 적셔 덮어서 끈다.
- 가스기구에 불이 붙었을 때는 중간 밸브를 잠근다.

② 소화기나 물을 이용하여 불을 끈다.
- 전기로 인한 화재는 물을 사용하지 않는다. 감전 위험이 있다.
- 유류로 인한 화재에 물을 사용하면 불이 더 번질 수 있다.
- 가스기구로 인한 화재는 폭발성이 있으므로 갑자기 문을 열거나 전기 스위치를 조작하면 안 된다.

소화요령: 가정집의 화재

① 기름 냄비에 불이 붙으면
- 가스기구의 중간 밸브를 잠그고 소화기로 끈다.
- 소화기가 없을 때는 큰 냄비 뚜껑을 덮어 공기를 차단하든지 젖은 수건으로 냄비 전체를 덮어 싸서 끈다. 또는 채소를 냄비 안에 넣어서 불을 끈다.

② 입은 옷에 불이 붙으면
- 즉시 얼굴을 양손으로 가리고 마룻바닥이나 땅에 뒹굴면서 불을 끈다.
- 다시 물을 뒤집어써서 완벽하게 소화한다. 욕실 옆에 있을 때는 욕조에 남은 물로 머리부터 끼얹든지 욕조 안으로 뛰어 들어간다.
- 화상을 입었을 경우, 옷을 벗지 말고 의사에게 치료를 받는다.

③ 커튼이나 내장재에 불이 붙으면
- 커튼, 내장재, 미닫이 등은 불이 타올라 가는 길잡이가 될 수 있다.
- 천장까지 불이 번지기 전에 물이나 소화기로 소화한다.
- 급하면 커튼을 잡아 끌어내리고 미닫이문은 발로 차서 넘어뜨리고 발바닥으로 밟아서 끈다.

④ 석유난로에 불이 붙으면
- 소화기로 불을 끈다.
- 소화기가 없을 때는 담요나 이불을 난로에 덮어씌우든지 물통에 물을 가득 담아 한꺼번에 끼얹는다.
- 불이 꺼진 후에도 난로에 남은 열로 다시 불이 날 수 있으므로 확실하게 꺼야 한다.

연기를 마시지 않고 피하는 방법

- 젖은 손수건 또는 물티슈를 입과 코에 대거나 넥타이 끝을 물에 적셔 입에 댄다.
- 연기는 윗부분부터 확산되므로 바닥에서 20~30㎝ 정도까지는 연기가 엷다. 몸을 낮추어 신선한 공기를 마시며 탈출을 시도하는 것이 안전하다.
- 쓰레기봉투 같은 큰 비닐봉투를 뒤집어써 질식하지 않도록 한다. 50리터짜리 청소용 비닐봉투는 약 4~5분 정도 호흡이 가능하다.

3) 빨리 피한다

- 천장에 불이 옮겨 붙거나 실내에 연기가 가득하면 미련 없이 단념하고 즉시 탈출해야 한다.
- 불이 타오르는 방은 문이나 창문을 닫아 공기를 차단한다.
- 불이 나면 불 자체보다 연기에 질식하는 경우가 더 많으므로 수건을 물에 적셔 입에 대고 몸을 낮추거나, 불 근처가 아닐 경우, 빈 쓰레기 종량제 봉투 등을 뒤집어 써 질식되지 않도록 한다.

2. 사무실의 화재

빌딩에 화재가 발생하면 불길이나 건축자재들이 탈 때 발생하는 유독가스로 위험하다. 지진이 그치면 즉시 계단을 통하여 빌딩에서 나오도록 한다.

- 우선 불이 어디서 났는지 확인한다.
- 현재 위치보다 위층에서 발생하였으면 침착하게 계단을 통하여 아래층으로 내려와 피한다.
- 만일 아래층에서 발생했으면 옥상으로 대피하거나 아래층으로 대피하는 두 가지 중에 하나를 선택해야 한다. 구조가 확실할 때는 옥상으로 피하는 것이 무난하지만 그렇지 않을 때는 아래층을 향해 탈출하는 수밖에 없다.

아래층으로 피할 때는 연기가 적은 계단이나 비상구를 찾는다. 만일 빌딩 외부에 비상계단이 있고 불길로 막히지 않았다면 비상계단을 이용하는 것이 가장 확실한 방법이다. 엘리베이터는 절대로 타면 안된다.

3. 소화기

119에 신고 후 소방차가 도착하기까지는 약간의 시간이 걸린다. 5~10분이면 목조건물이나 아파트는 걷잡을 수 없이 불길에 휩싸인다. 콘크리트 건물은 불에 타는 물건의 많고 적음에 따라 다르지만, 대형화재로 번지는데 시간이 많이 걸리지 않는다. 따라서 초기 소화를 위해 소화기는 매우 중요한 필수품이다. 그래서 화재 초기에 소화기 1개는 소방차 1대보다 더 큰 효과를 낼 수 있다는 것이다. 소화기의 구입과 사용법을 가족이 모두 알아야 한다.

1) 바른 소화기 사용법
- 화재 발생지점 3~5m 정도까지 접근한다.
- 안전핀을 빼고 노즐이 불의 중심을 향하게 한다.
- 손잡이를 힘 있게 누르고, 바람을 등지고 비로 쓸듯이 앞에서부터 뿌려 나간다.
- 실내 공간에서는 비상구, 출입구를 등지고 소화기를 사용한다.

 바른 소화기 사용법

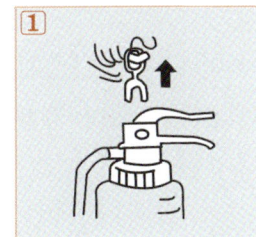  

꼭 기억하여 두라, 불을 끌 수 있는 3번의 기회

기회 1 지진이 가볍게 왔을 때
이 순간 스위치를 '비튼다, 잠근다, 끈다'의 3개 동작으로 불 단속을 한다.

기회 2 격렬한 진동이 그쳤을 때
책상 밑에서 몸의 안전을 확보하고 흔들림이 멎은 후 재빨리 불을 끈다.

기회 3 불이 타기 시작했을 때
불이 더 번지기 전에 가까이 있는 소화기 등으로 불을 끈다.

기억하라! 우선 몸의 안전! 그리고 빨리 불 끄는 것을…

2) 소화기 선정법

소화기는 화재종류에 따라 다음과 같은 종류가 있다.
A급: 일반화재　　　B급: 유류화재
C급: 전기화재　　　D급: 금속화재
E급: 가스화재　　　K급: 식용유화재
그 외 다수의 소화기 형태가 있다.

일반가정에 비치하는 것은 A, B, C가 혼합된 분말소화기로 거의 모든 종류의 화재 진압에 사용할 수 있다. 크기는 10평형에서 20평형 정도에 사용할 수 있는 용량과, 반드시 국가검정 마크가 있는 것으로 선택하고 직사광선을 피하고 습기가 없는 곳에 비치한다.

직접 바닥 위에 놓는 것보다 기둥에 고정구로 붙여 놓는 것이 만일의 경우 눈에 띄기 쉽다.

게이지는 overcharge, full, Recharge가 있는데 recharge에 지침이 가 있으면 내용물을 재충전하든가 소화기를 교체해야 한다. 유효기간은 10년이다.

가스레인지 등 화재가 발생할 수 있는 곳의 주위는 가능하면 난연성 물품처리를 한다. 난방기구등의 자동소화장치가 작동되는지 정기적으로 점검한다. 커튼이나 카펫을 구입할 때는 방염처리가 된 것을 구입한다.

지진 발생 시 안전한 전기 처리

1. 스위치를 끄고 플러그를 뽑는다

지진피해의 확산을 막는 길은 화재가 발생하지 않도록 하는 일이다. 지진이 오면 사용 중인 전기기구의 스위치를 반드시 끈다. 특히 다리미, 헤어드라이어 등의 전열기구는 콘센트에서 플러그를 뽑고, 만일 화재가 발생했으면 빨리 소화한다. 평소 플러그를 뽑는 습관을 가져야 한다.

2. 전열 기구는 넘어지지 않도록 한다

TV나 식기건조기 등의 대형 기구는 떨어져 사고를 유발하지 않도록 설치 장소에 주의하고 고정기구 등으로 고정시켜 넘어지지 않도록 한다. 또 이동형 전기 콘센트나 TV 부근에는 꽃병 등을 놓지 말라. 넘어져서 물이 들어가면 쇼트로 화재가 발생할 수 있다.

3. 대피할 때는 브레이크를 내린다

전력회사는 지진이 발생해도 전력공급계통에 이상이 없는 한 송전을 계속한다. 대피할 때는 반드시 분전반의 브레이크를 내린다. 또 평상시부터 분전반이 어디에 있는지 위치를 확인해 두는 것이 좋다.

4. 끊어진 전선은 절대 만지지 말 것

끊어져 늘어진 전선은 절대 손을 대지 말라. 전선에 나무, 간판, 안테나 등이 접촉되어 있을 때도 대단히 위험하다. 이런 현장을 발견하였을 때는 즉시 119나 전력회사에 연락한다.

5. 누전차단기

　누전차단기는 실내의 어디선가 누전이 있으면 자동적으로 차단되는 안전장치이다. 감전사고나 누전사고방지를 위해 설치하는 것이 좋다.

　길게 늘어진 전선을 발견하면 절대로 가까이 가지 말아야 한다. 사람이 감전 되었을 때는 우선 전원을 차단한다. 전선에 감전되었을 때는 마른 나무막대기나 고무장갑 등으로 전선을 떼어낸다. 절대로 감전된 사람을 만지면 안된다. 같이 감전될 수 있다. 만일 호흡이 멎었으면 인공호흡을 하고 맥박이 없으면 심폐 소생술을 병행한다.

꼭 알아야 할 응급처치

대지진이 발생하면 건물의 붕괴, 화재, 가구, 유리조각 등으로 큰 부상을 당하는 사람들이 속출한다. 응급환자는 5분 이내의 응급처치가 생사의 갈림길이 될 수 있다. 다친 사람을 보고 당황하지 않도록 기본적인 응급처치법을 배워야 한다.

1. 심폐소생술

가슴압박과 인공호흡으로 응급환자를 소생시킨다.

1) 환자의 반응 확인

먼저, 어깨를 가볍게 두드리며 "여보세요, 괜찮으세요?"라고 환자의 귓가에 말을 걸어 의식이 있는지 없는지 환자의 반응을 확인한다. (몸을 흔들면 안 된다.)

[의식이 있을 때]

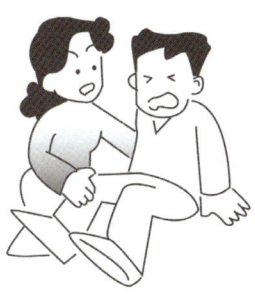

- 마음을 편하게 해 주면서 증상을 관찰한다.
- 옷을 헐렁하게 하여 편안한 상태로 안정을 유지하고 외상이 있으면 치료한다.

[의식이 없을 때]

- 환자의 반응이 없으면 큰소리로 주위 사람들 중 한 사람을 지목하여 119 신고를 요청하고 자동심장충격기(AED)를 가져오도록 부탁한다.

2) 호흡과 맥박의 확인

[호흡을 살피는 법]

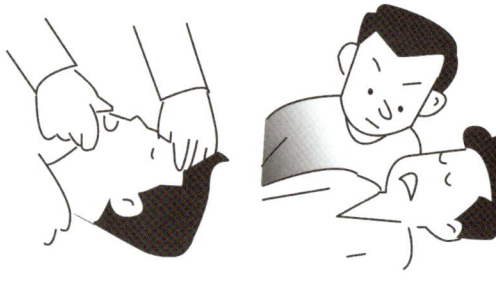

- 환자의 얼굴과 가슴을 10초 이내로 관찰하여 호흡이 있는지를 확인한다.
- 턱을 들어 올리고 머리를 뒤로 젖힌다.
- 뺨을 부상자의 입, 코에 가까이 대고 호흡의 유무를 확인한다. 이때 가슴이나 복부의 움직임도 관찰한다.

[맥박을 살피는 법]

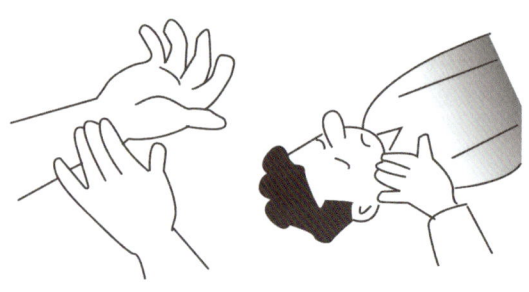

- 손목의 동맥을 잡아 보아 확인한다.
- 확인이 안 될 때는 목 부분의 경동맥을 확인한다.

[호흡과 맥박을 살핀 후 처치법]

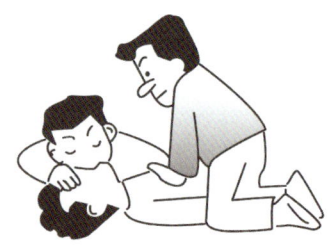

호흡과 맥박이 있을 때

- 몸의 오른쪽을 밑으로 하여 옆으로 눕히고 안정을 취한다.
- 양쪽 무릎은 가볍게 구부리고 좌측무릎을 약간 앞으로 내민다.
- 머리를 뒤로 젖히고 기도를 열어 호흡하기 쉽도록 한다.

호흡과 맥박이 없을 때

- 호흡이 없거나 비정상적이면 즉시 심폐소생술을 시행한다.

반듯이 눕히거나 엎드려 눕히면 토하며 질식할 염려가 있다.

3) 가슴압박과 인공호흡

가슴압박과 함께 인공호흡을 시도한다.

[가슴압박]

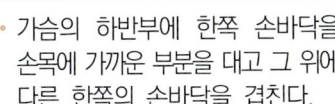

1) 준비
- 평평한 장소에 반듯이 눕히고 구조자는 그 옆 겨드랑이에 양 무릎으로 서는 것 같은 자세를 취한다.

2) 압박
- 가슴의 하반부에 한쪽 손바닥을 손목에 가까운 부분을 대고 그 위에 다른 한쪽의 손바닥을 겹친다.
- 깍지를 낀 두손의 손바닥으로 환자의 가슴 압박점을 찾아 30회 압박을 시행한다. 압박 깊이는 성인의 경우 약 5cm, 영·유아는 1.5~2.5cm, 소아는 4~5cm 가라앉는 정도로 압박한다.

3) 반복
- 압박이 끝나면 몸을 일으키고 손의 힘을 느긋이 한다.
- 이 동작을 1분간 100~120회/분의 속도로 계속한다.
- 30회 가슴압박과 2회 인공호흡을 계속한다.

[인공호흡]

1) 기도를 확보한다
- 반듯이 눕히고 턱을 들어 올리면서 머리를 뒤로 젖힌다.
- 입안에 구토물이 있을 때는 목을 옆으로 하고 손가락에 손수건을 감고 닦아내며 제거한다.

2) 인공호흡을 시도한다
- 코를 막고 크게 입을 벌리고 환자의 입을 덮으며 인공호흡을 시킨다.
- 젖먹이나 어린이일 때는 입과 코를 동시에 덮으며 인공호흡을 시킨다.
- 환자의 가슴이 팽창해 올라올 정도로 1~2초 불어 넣는다

3) 인공호흡 상태를 관찰한다
- 가슴의 움직임을 보면서 토해내는 숨을 뺨으로 느낀다.
- 숨이 들어가지 않는 것 같으면 다시 한 번 기도를 확보하여 실시한다.

인공호흡법을 모르거나 꺼리는 경우에는 인공호흡을 제외하고 지속적으로 가슴압박만을 시행한다. 30회의 가슴압박과 2회의 인공호흡의 비율로 심폐소생술을 계속한다. 119 구급대원이나 전문 구조자가 도착할 때까지 반복하여 시행한다.

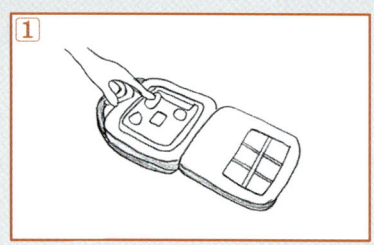
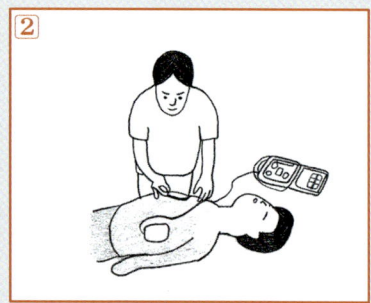
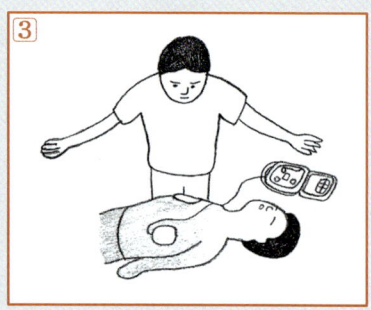
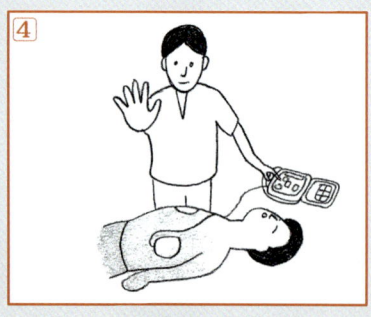
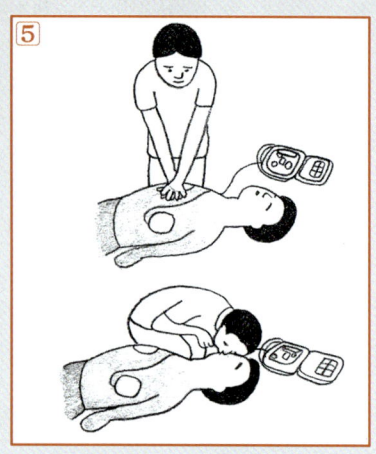

4) 심장충격기(자동제세동기, AED) 사용

① 전원켜기

심장충격기는 반응이 없거나 정상적인 호흡이 없는 심정지 환자에게만 사용한다.

먼저 심폐소생술에 방해가 되지 않는 위치에 놓고 전원버튼을 누른다.

② 두 개의 패드 부착

환자의 상의를 벗긴 후 한 패드는 오른쪽 쇄골 아래에 부착하고, 다른 패드는 왼쪽 젖꼭지 아래의 겨드랑이 중앙에 부착한다.

③ 심장리듬분석

"분석 중…"이라는 음성 지시가 나오면 심폐소생술을 멈추고, 자동으로 분석하는 동안 환자와 접촉하지 않는다.

심장충격이 필요 없는 경우는 "환자의 상태를 확인하고, 심폐소생술을 계속하십시오"라는 음성메시지가 나오면 이 경우에는 즉시 심폐소생술을 시행한다.

심장충격이 필요하면 "심장충격이 필요합니다"라는 음성지시와 함께 심장충격기가 스스로 에너지를 충전한다. 수초 정도 걸리므로 가능한 한 가슴압박은 계속한다.

④ 심장충격 실시

충전완료 후 "심장충격 버튼을 누르세요"라는 메시지가 나오면 모든 사람이 환자와 접촉하지 않도록 한 후에 심장충격 버튼을 누른다.

⑤ 즉시 심폐소생술 다시 시행

심장충격을 실시한 뒤에는 즉시 가슴압박과 인공호흡을 30:2로 다시 시작한다.

또한 "환자의 상태를 확인하고, 심폐소생술을 계속하십시오"라는 지시가 나오면 바로 심폐소생술을 시행한다.

심장충격기(자동제세동기)는 2분마다 심장리듬을 반복해서 분석하며 심장충격기의 사용 및 심폐소생술의 시행은 119 구급대가 현장에 도착할 때까지 지속한다.

2. 부상에 따른 응급처치

[화상]

- 화상부위는 우선 차갑게 하는 것이 중요하다. 즉시 환부를 물에 넣고 충분히 차갑게 한다.
- 물에 담그지 못할 때는 젖은 타올 등을 대고 차갑게 한다.
- 의복을 입은 상태에서 화상을 입었을 때는 옷을 벗기지 말고 그대로 차갑게 식힌다.
- 수포는 터뜨리지 않는다.
- 환부에 의복이 붙어 있으면 무리하게 벗기지 말라.

[골절]

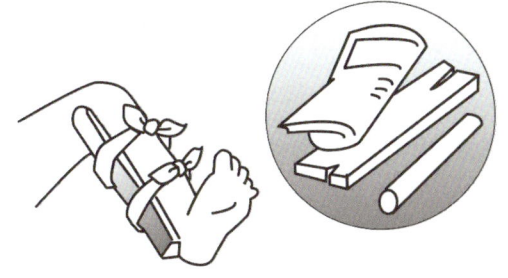

- 부러진 곳은 부목으로 고정한다.
- 적당한 부목이 없으면 손쉽게 구할 수 있는 널빤지, 막대기, 골판지 등으로 대용한다.

[상처]

- 출혈이 적고 상처가 작을 때는 깨끗한 물로 씻어 내린 후 소독약을 바르고 거즈나 반창고를 붙인다.
- 상처가 클 때는 상처를 깨끗한 거즈(또는 손수건)로 직접 강하게 누르고 지혈한다.(압박지혈)
- 압박지혈이 준비되는 동안은 출혈이 있는 곳에서 심장에 가까운 동맥을 압박한다.
- 유리조각이 깊이 박혀 있던지 또는 다량으로 박혀 있을 때는 무리하게 빼내려고 하지 말고 119 신고 후 구급차로 그대로 병원으로 이송한다.

대지진 발생 시 대피 요령

안전대피 8대 요령

1. 대피하기 전에 다시 한 번 불 단속을 한다. 가스기구의 중간 밸브를 잠그고 누전차단기를 내린다. 
2. 대피장소를 적은 연락 메모를 남긴다. 
3. 안전한 옷을 입는다. 손과 발, 머리를 보호한다. 
4. 1차 지진배낭만 짊어져 짐을 최소화한다. 
5. 걸어서 대피한다. 차나 엘리베이터는 타지 말라. 
6. 노인이나 아기는 손을 꼭 붙잡는다. 필요한 경우 업어서 대피시킨다. 
7. 벽 옆, 좁은 길, 벼랑이나 해변은 가능한 한 피한다. 
8. 될 수 있는 한 지정된 대피장소로 간다.

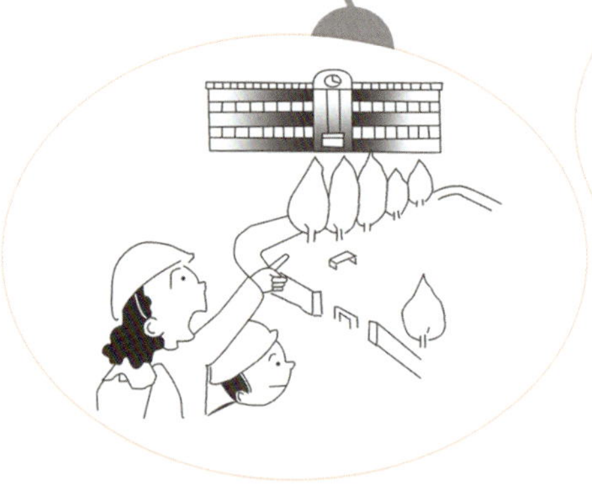

1. 대피를 해야 하는 경우

　대피는 최후의 수단이다. 대지진이 발생했을지라도 집이 파괴되지 않고 화재도 발생하지 않았으면 무조건 대피할 필요는 없다.
　그러나 취약한 건축물이 많은 우리의 현실에서는 건물의 붕괴로 대피소에서 생활해야 하는 경우가 많이 발생할 것으로 예상된다. 따라서 대피에 대한 지식도 필요하고 정부나 각 자치 단체는 대피소에 대한 준비도 철저히 해야 한다.

　대피가 필요한 경우는
- 낡은 건물에서 큰 지진으로 붕괴의 위험이 있을 때
- 집이 붕괴되었거나 화재가 번져 위험이 커질 때
- 행정기관으로부터 대피권고가 있을 때

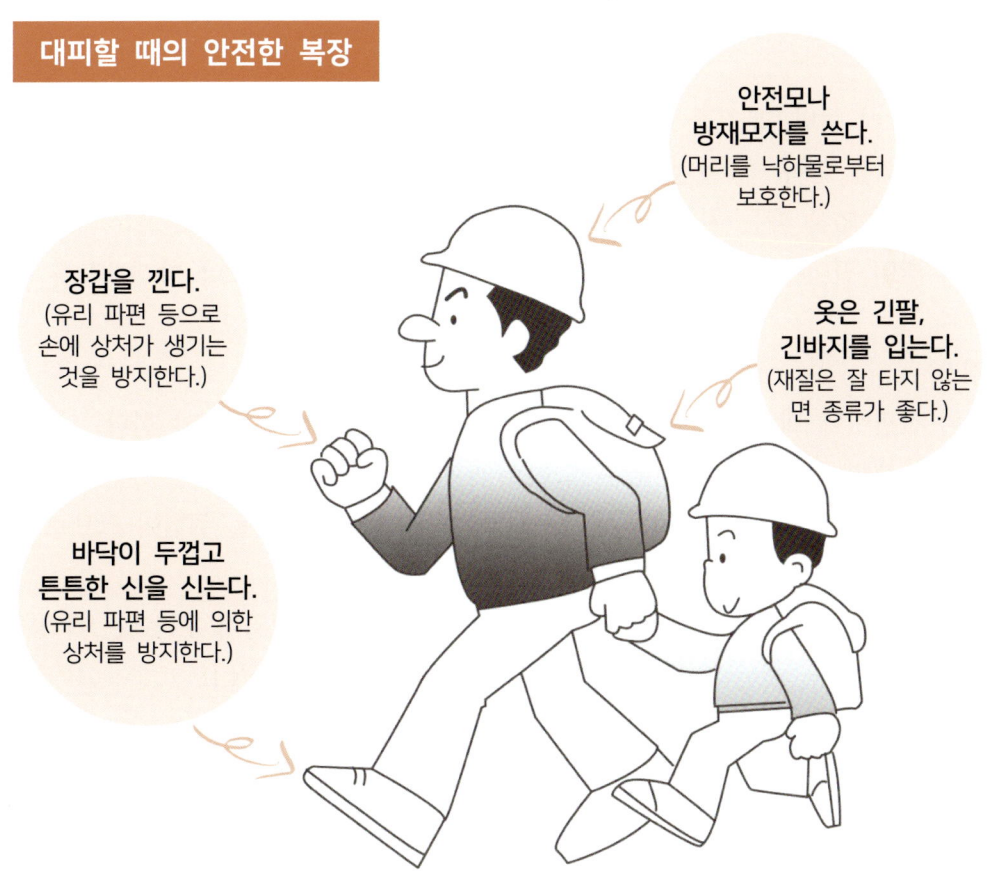

대피할 때의 안전한 복장

- 안전모나 방재모자를 쓴다. (머리를 낙하물로부터 보호한다.)
- 장갑을 낀다. (유리 파편 등으로 손에 상처가 생기는 것을 방지한다.)
- 옷은 긴팔, 긴바지를 입는다. (재질은 잘 타지 않는 면 종류가 좋다.)
- 바닥이 두껍고 튼튼한 신을 신는다. (유리 파편 등에 의한 상처를 방지한다.)

2. 대피는 어디로?

- 우선 근처의 공터, 공원, 학교 운동장 등의 안전한 장소로 간다.
- 집이 붕괴되었을 때는 지정된 대피소로 간다.

평소 대피 장소를 확인하여 알아두어야 한다. 대피소는 통상 학교로 지정되어 있으며, 재난을 당한 사람들이 우선 쉴 수 있고 구호활동이 이루어지는 장소이다. 이곳에서는 응급치료, 급수 및 급식, 식량 및 생활필수품의 배급, 정보제공 및 상담 등을 한다.

3. 대피할 때 위험한 길

1) 빌딩가
- 깨진 창유리, 건물의 벽, 벽돌 같은 낙하물 등으로 위험하다.
- 대피 길에 빌딩들이 있을 때는 반드시 안전모나 방재모자를 쓰도록 한다.
- 벽돌 등이 떨어질 때는 머리를 보호하면서 근처의 튼튼한 빌딩에 들어간다.
- 적당한 건물이 없을 때는 공원 등 넓은 장소로 피하든지 큰 가로수 밑으로 간다.

2) 주택가
- 지진 발생 시 돌담, 문기둥 등의 붕괴로 많은 사람들이 희생되는 경우가 적지 않다.
- 지진을 느끼면 블록 벽, 돌담, 문기둥 옆에 가지 말고 공원 등 안전한 장소로 이동한다.
- 적절한 길이 없을 때는 차에 주의하면서 차도 측으로 피한다.
- 건물의 벽이 떨어지거나 무너질 우려가 있으므로 반드시 안전모나 방재모자를 쓴다.

3) 상점가
- 점포의 간판이나 네온사인 등 조명기구들이 떨어지는 것에 주의해야 한다.
- 지진을 느끼면 즉시 공원 등 넓은 장소로 피한다.
- 술집, 전기제품 판매점 등 기둥이 적고 공간이 넓은 점포는 붕괴될 위험이 크므로 피하고, 은행, 관공서 등 튼튼한 건물로 대피한다.
- 넘어질 염려가 있는 자동판매기 옆, 유리가 깨지기 쉬운 상품진열대 부근에는 가지 않도록 한다.

4) 육교
● 육교 위를 걷고 있을 때 진동을 느끼면 빨리 쪼그리고 앉아 난간을 꼭 붙잡고 떨어지지 않도록 한다. 지진이 멎으면 즉시 계단에서 내려오도록 한다.
● 그 후에도 여진으로 붕괴될 위험이 있으므로, 육교는 건너지 않는 것이 좋다.

4. 대피소에서의 생활

초기대응 직원이 대피소를 개설하는 등 초기 활동을 하지만 쾌적한 대피소 생활을 위해서는 대피해 온 주민들도 각자의 역할을 분담해야 한다. 그리고 서로 마찰이 없도록 대피소의 규칙을 잘 지키고 행정기관의 지시에 따라 질서 있게 단체행동을 해야 한다.
● 생활시간 : 집단생활에서는 모두 규칙을 잘 지키고 생활리듬을 위해 생활시간표를 작성한다.
● 생활공간 : 체육관이나 교실에서는 좁더라도 가족끼리 생활공간이 되는 구역을 만들어 생활한다.
● 식사 : 대피소에서는 기본적으로 밥을 지어 배식한다. 배식을 받으면 자기 구역에서 먹고, 식기는 자기 것을 사용하며, 없을 때는 지급품을 사용한다.
● 청소 : 가족끼리 사용하는 구역은 가족이 맡고, 공동으로 사용하는 화장실 청소는 담당자가 맡는다.
● 쓰레기 처리 : 공동 쓰레기장을 선정하고, 자기 구역의 쓰레기는 자기가 버린다.
● 세탁 : 주면을 세탁장으로 하고 세탁물은 빈 공간에서 말리고 개인이 책임진다.
● 불 : 대피소에서는 불을 조심하고 화재 예방을 해야 한다.

대피소 건물을 사용할 수 없을 때

① 임시 판잣집

건물이 붕괴되어 어쩔 수 없이 야외에서 밤을 지내지 않으면 안 될 때가 있다. 이때 판잣집을 만들면 좋은데, 재료만 있으면 손쉽게 쾌적한 판잣집을 만들 수 있다.

우선 나무가 많은 근처에 바람을 막을 수 있는 장소를 골라 근처에 있는 골판지, 신문, 잡지, 나무 잎 등으로 땅을 여러 번 덮어서 '마룻바닥'을 만든다. 다음에 주위를 골판지나 나무판 등으로 둘러 '벽'을 만들고 최후에 비닐이나 우산 등으로 '지붕'을 만들면 '숙소'가 된다.

잠잘 때는 될 수 있는 한 많은 옷으로 몸을 두르고 목과 허리는 수건으로 감고 다리를 배낭 속에 넣으면 추위를 견딜 수 있다. 혹시 남은 의류가 있으면 이불 대신 위에 덮고, 될 수 있는 대로 달라붙어서 자도록 한다.

② 텐트 설치

우리나라 건축물은 대부분 내진 설계가 되어 있지 않아 대지진 발생 시 적지 않게 붕괴된다고 보아야 한다. 학교 건물도 예외는 아니다 따라서 레저용으로 쓰던 텐트는 지진 발생 시 긴요하게 쓰일 수 있다.

③ 자동차를 이용한 임시주택

지진으로 주택이 파괴되면 승합차가 우선적으로 주택을 대신할 수 있다. 추운 날씨에 대비하여 방한복이나 이불만 준비되면 훌륭한 숙소가 될 수 있다. 이런 면에서 내부가 좁은 승용차보다는 공간이 넓은 승합차를 사용하는 것도 지혜로운 대처방법이다.

어린이들과 지진 대응

지진은 경고 없이 순간적으로 들이 닥친다. 이런 재난은 어른들에게는 단지 하나의 놀라운 사건일 수 있지만 어린이들에게는 엄청난 충격을 줄 수 있다. 재난을 당하면 가족들이 붕괴된 집을 떠나고 일상적 생활이 깨질지도 모른다.
이런 과정에서 아이들은 혼란스럽고 놀라게 된다. 어른들은 아이들이 평생의 상처가 될지도 모를 충격에서 두려움을 줄여 나갈 수 있도록 돕는 것이 중요하다. 그러기 위해서는 아래와 같이 아이들에게 필요한 조치를 취해야 한다.

1. 어린 아이들의 지진 대응

아이들의 일상생활은 아침에 일어나서 밥 먹고, 학교에 가고 친구들과 노는 일이다.
그러나 지진이 발생하면 이런 일상생활이 흐트러지고 불안에 휩싸이게 된다. 재난을 당하면 아이들은 다음과 같은 반응을 나타낸다.

- 재난을 당하면 아이들은 부모를 찾거나, 다른 어른에게 도움을 청하게 된다.
- 당신이 어떻게 재난에 반응하는가를 보고, 아이들도 반응하는 실마리를 얻게 된다.
- 만약 당신이 두려워하는 것을 보면, 겁을 먹고, 지진이 실제 상황임을 확인하게 된다.
- 당신이 더 당황할수록 아이들은 더 심하게 불안을 느낀다.
- 두려움을 느끼는 아이들은 두려워한다.

두려움은 어른이나 아이들에게 정상적이고 당연한 것이므로 아이들과 말할 때는 거짓으로 안심시키기보다 사태를 정직하게, 사실적으로 그러나 극복해 나갈 수 있는 것임을 주지시켜주어야 한다.

지진이 발생하면 아이들은 다음과 같은 불안에 휩싸인다.
- 지진이 다시 일어날 것이다
- 누군가 다치거나 죽었을 것이다
- 가족으로부터 격리될지도 모른다.
- 혼자 남게 될지도 모른다.

2. 아이들의 재난 극복은 가족과 함께

　지진이 발생한 상황에서 당신은 어른으로서 아이들을 통제해야 한다.
　당신의 말이나 행동이 아이들을 안심시킬 수 있으므로 위험이 지나갔다고 판단되면 아이들이 무엇에 가장 놀랐는지를 물어보기도 하며 아이들의 정서를 가라앉혀야 한다. 아이들을 복구 작업에 참여시킨다면 자신들의 생활이 정상으로 돌아가고 있음을 느낄 수 있다.
　이 과정에서 당신의 반응은 아이들에게 영원히 지울 수 없는 충격이나 기억을 줄 수 있음을 명심해야 한다.
　지진발생 후 다음과 같은 행동으로 아이들의 두려움과 불안을 줄여 주도록 노력하라.

1) 가족이 함께 있는다
　집을 복구하고 도움의 손길을 찾는 동안 아이들을 친척이나 친구에게 맡겨 두고 싶겠지만, 가능한 한 가족이 같이 있음으로써 가족이 원 상태로 돌아가는데 아이들이 한 부분을 맡도록 한다. 아이들은 부모가 보이지 않으면 불안해하고 걱정한다.

2) 조용히 그리고 확실하게 사태를 설명해 준다
　당신이 할 수 있는 최선의 길은 지진에 대하여 자녀들이 알아야 할 것을 말해 주는 것이다. 그리고 다음에 일어날 일에 대하여 설명해주라.
　예를 들면, "우리는 오늘 모두 대피소에서 머물 것이다"라고 설명해 주라. 아이들의 눈높이에 맞춰 설명해 주라.

3) 아이들에게 말을 하도록 격려하라
　아이들이 지진에 대해 말하도록 하고, 아이들에게 충분한 질문을 하라. 아이들이 무엇을 느꼈는지 말하도록 유도하고, 아이들이 말하는 것을 잘 들어라. 가능하면 가족이 함께 이야기하는 자리를 마련한다.

4) 아이들을 복구활동에 포함시켜라
　아이들에게 할 일을 주어라. 이것은 아이들이 복구 작업에 함께 참여한다는 느낌을 줄 수 있다. 할 일을 주면 아이들은 모든 일이 잘되어 간다고 생각 하게 된다.
　아이들이 무엇을 걱정하고 두려워하는지 이해함으로써 아이들을 도울 수 있다. 아이들을 확신과 따뜻한 사랑으로 안심시키면, 아이들은 결국 생활이 정상으로 돌아간다는 것을 깨닫게 될 것이다. 만약 아이들이 위와 같은 방법에도 반응이 없으면 정신건강 전문의를 찾아라.

3. 평상시 부모가 아이들에게 해야 할 일

다음의 네 가지 간단한 단계로 가족방재계획을 세워야 한다.
1) 지역에 어떤 재해가 있고 각자가 어떻게 준비할지를 배우라.
2) 가족이 개인적으로 그리고 팀으로서 각각의 상황에 맞춰 무엇을 할 것인지를 논의하라.
3) 비상전화번호를 붙이고, 다른 도시에 가족들이 연락할 수 있는 집을 정하고, 지진배낭을 만들며 집에 연기 감지기를 설치한다.
4) 끝으로 지진이 발생했을 때 가족이 무엇을 할 것인지 기억할 수 있도록 주기적으로 실습훈련을 하라.

4. 가족방재훈련을 통한 아이들 교육

가족방재훈련을 통하여 다음 사항들을 아이들에게 가르쳐야 한다.
1) 아이들에게 위험신호를 알 수 있도록 가르치라. 연기감지기, 화재경고, 사이렌 같은 지역의 경고 신호가 어떤 것인지를 알려 준다. 재난 경보는 공습사이렌과 달리 2초 상승, 2초 하강을 반복한다.
2) 지진 알리미, 안전 디딤돌 같은 정부가 제공하는 재난정보를 활용하는 방법을 가르쳐 준다.
3) 어떻게 도움을 요청하는지를 알려 준다.
   아이들에게 언제 어떻게 도움을 요청하는지를 가르쳐 준다. 119와 같은 지역의 비상 연락번호를 전화기 입력시키거나 잘 보이는 곳에 붙여 놓는다.
4) 아이들이 가족의 중요 사항을 외우게 한다. 가족의 이름, 집주소, 전화번호 등을 기억하게 한다.

5) 재난발생 시 어디서 만날 것인지를 알게 한다. 예를 들어, 아파트의 경우 붕괴되었을 때 만날 장소가 없고, 만날 장소가 정해져 있지 않으면 아이들은 당황한다. 만날 장소를 정해놓으면, 못 만날 경우 안전에 이상이 있다는 것도 곧 알 수 있다.

6) 필요한 정보를 기억하지 못하는 아이들을 위해서는 조그만 카드에 인적사항을 적어 가지고 다니도록 한다.
7) 글을 읽지 못하는 아이들을 위해서는 그림을 통해서 전화 거는 곳을 알려 줄 수 있으며 색칠하기 등을 통해 아이들에게 만약의 사태발생 시 전화해야 할 곳을 기억하게 할 수 있다.

글을 읽지 못하는 아이들을 위한 비상전화번호

어린이 이름

전화번호

주소

구급차		**119**
화재		**119**
경찰		**112**
엄마		
아빠		
기타		

자치단체의 지진 후 3일간 대응책

1. 초기대응

1) 지역 내 각 곳으로부터 정보수집
- 지역 내 방재무선, 전화, 휴대폰 등 각종 채널을 통해 지역과 시내의 정보를 수집한다.

2) 각 기관에 연락, 통보, 요청
- 경찰서, 소방서, 방재기관에 정확한 정보를 제공한다.
- 다른 도시, 타 자치구에 응급요청 또는 재해정보를 주고받는다.

3) 임시 집합장소의 개설
- 지진 발생 시(통상 진도 5 이상) 정보수집, 연락을 하는 초기대응직원(각 학교 7-8명)을 배치하여 각 학교에 대피소를 개설하고 긴급구호용 물품들을 공급한다.

2. 대피장소 개설

1) 대피소개설
- 체육관, 교실의 피해상황을 조사한 후 대피소를 개설하고, 대피소에 필요한 물품들을 준비하여 공급한다.
- 고령자나 환자는 1층 교실을 이용한다.
- 대피소를 관리하는 사무실이나 보건상담을 하는 보건실은 대피소로 이용하지 않는다.
- 교실의 피해상황에 따라 이용할 수 없는 곳도 있다.
- 2인에 1평 정도를 기준으로 한다.

2) 식량, 생필품 공급
- 물, 식량, 침구류, 식기 등의 생필품을 공급한다.

- 계획적인 취사를 할 수 있도록 준비한다.
- 침구류로 1인당 담요1매, 매트 1매씩 공급한다.

3) 화장실
- 학교의 화장실을 사용한다.
- 물이 나오지 않을 경우 저장된 물이나 연못의 물을 사용한다.
- 물이 나오지 않을 경우에는 이동식 화장실을 운동장이나 화장실 근처에 설치하여 사용한다.

3. 식사

1) 식량
- 1식은 간편한 인스턴트 음식 등을 먹는다.
- 이가 약한 어린아이들에게는 죽을 먹인다.
- 젖먹이에게는 분유를 공급한다.
- 쌀이 보급되면 대형 취사기구를 이용하여 밥을 짓는다.
- 우리나라는 대피소에 식량을 비축한 경우가 거의 없으므로 각자가 소지한 음식이나 지방자치단체에서 제공하는 비상식량을 이용한다.

2) 음료
- 평소 준비한 비상식수를 마신다.
- 학교에 물탱크가 있으면 음료수로 확보한다.
- 지진을 대비하여 확보한 음료수를 급수차로 공급한다.

3) 취사
- 대피소에 적어도 한번에 수십 명에서 수백 명분 이상의 식사를 준비할 수 있는 대형 솥과 연료를 준비한다.
- 대피소에서 밥을 지어 먹을 수 있도록 휴대용 가스버너를 많이 준비한다.

4. 대피유도

- 대규모의 화재로 대피소나 일시집합소가 위험할 때는 광역 대피소로 대피시킨다.
- 대피소를 이용하는 대피자 명단을 작성한다.
- 다른 곳으로 이동하는 대피자 명단을 작성한다.

5. 정보제공

- 라디오나 TV 방송국에 필요한 정보를 제공한다.
- 여러 채널을 통해 수집된 정보를 대피소 게시판에 제공한다.
- 대피소내의 연락 방법: 내용에 따라 다음중 적절한 방법을 사용한다. (교내 방송 시스템, 메가폰, 인쇄물, 게시판, SNS)

6. 도로소통

- 청소업체의 도움을 받아 구조용 차량들이 원활하게 통행할 수 있도록 주요 간선도로의 쓰레기를 수거한다.
- 긴급물자 수송을 위하여 비축창고 부근의 도로와, 큰 도로의 쓰레기를 수거한다.

7. 의료방역활동

1) 의료 구호소의 개설
- 의료 구호소는 대피소의 보건실에 개설(원칙적으로 500인 이상 수용소에 설치)한다.
- 의료 구호소에서는 의사, 간호사가 매일 또는 정기적으로 대피자의 보건상담, 응급처치 등을 한다.

2) 대피소의 순회
- 수용 500인 이하의 대피소는 순회하며 진료한다.

3) 방역활동
- 우물물, 식량의 위생 상태를 관리하고 지도한다.
- 화장실, 쓰레기장등 주위의 위생관리를 한다.

8. 자원봉사자

1) 방재 인재풀의 활용
- 등록한 자원봉사자들을 자신의 전문기술을 발휘할 수 있는 활동에 종사하도록 배치한다.

2) 자원봉사자의 인수
- 전국각지에서 지원한 자원봉사자의 등록을 받고 재난현장에 파견 한다.

지진 발생 시 정부의 대응

지진 발생으로 국민이 큰 피해를 입으면 우선 국민들은 정부를 원망하게 된다. 이때 정부가 적절한 대처를 하지 못하면 국민들의 불만이 커지게 되어 상황이 어려워질 수도 있다.

삼풍백화점 붕괴사고 시 무질서한 현장접근, 경험 없는 언론보도, 재난대비의 무방비 등의 문제점이 많은 교훈을 남겼으나, 이러한 경험들이 재난 발생 시 유효적절한 조치를 할 수 있도록 활용되었는지는 미지수이다. 대지진이 발생할 경우 일본이나 미국과 달리 지진의 대비가 충분치 못한 우리 정부로서는 막힘없이 대처하기가 어렵다. 경주지진과 포항지진을 겪은 정부는 국민이 위기를 잘 극복하도록 필요한 지원을 하면서 다음과 같은 역할을 해야 한다.

1. 정보 수집 및 제공

정부는 지진초기 상황을 신속하게 파악하여 구조인력을 효율적으로 배치하고 적절히 지원해야 한다. 인공위성으로 정보를 수집하는 미국에 비해 매우 열악하지만 인터넷, 이동전화 등을 활용하여 정보수집을 해야 한다. 또한 재난에 관련된 보도 경험이 부족한 언론이 선정적으로 참혹한 현장을 보도하지 않도록 기본적인 정보를 제공하며 국민에게도 여진이나 기타 필요한 정보를 제공해야 한다.

2. 신속한 구조작업

시간마다 희생자가 늘어나는 지진현장에서 상황이 커지면 소방서, 민방위, 공무원으로는 해결이 어려워 군(軍)이 투입될 수밖에 없다. 군 투입을 위한 시기, 규모 등이 신속히 결정되어 재난 현장으로 투입되어야 한다. 고베지진의 경우 자위대 출동이 늦어져 일본 국민들의 불만이 많았던 점을 주지해야 한다. 신속한 구조작업을 위해서는 많은 도움을 자원봉사자로부터 받도록 체계를 세워야 하며, 정부와 지방자치 단체 간의 협력체계를 긴밀하게 유지하여 재난, 재해, 구조, 구급시스템을 유효적절하게 가동시켜야 한다.

또한 구조작업을 위해 수색견 및 화이버스코프(산업 내시경) 등의 장비를 동원하고 건축진단 전문가의 지도를 받아 붕괴위험이 큰 건물에서 적절한 구조작업이 이루어지도록 해야 한다.

이와 함께 속출하는 사망자들을 화장 및 매장해야 한다.

3. 신속한 구호품공급

일본이나 미국은 재난 발생을 대비하여 충분한 지원 시스템을 가지고 있지만 지진의 경험이 적은 우리나라는 구호를 위한 지원체계가 부족하다.

자치단체에 비축품 저장고도 미흡하고, 각 가정에도 지진대비 비상품목들이 제대로 갖추어지지 않은 우리 현실은, 지진 발생 시 상당한 고통을 유발하게 될 것이다. 라이프 라인의 복구, 식량부족, 식수부족 해결과 부상자들의 치료, 그리고 시민들이 정상적 생활로 복귀할 수 있도록 신속하게 구호품 공급을 해 주어야 한다.

4. 신속한 사회기반 시설 복구

고속도로 및 주요 간선도로 붕괴, 철도의 파괴, 산업시설의 마비등 사회기반시설의 붕괴는 경제에 큰 타격을 주게 된다. 대만의 지진이 세계의 반도체 공급에 영향을 끼친 것만으로도 지진이 나라의 경제에 얼마만큼 영향을 주는지 알 수 있다. 신속한 재정 지원과 기술 지원으로 기간산업시설의 복구를 도모해야 한다.

5. 질서유지

지진이라는 재난은 국민들이 순응하는 것이 중요하다. 신속한 회복을 위해서도 지진이 발생했을 때, 국민은 철저한 질서의식을 보여 주어야 한다. 꼭 필요한 물품을 필요한 만큼 구입하여 매점매석을 하지 않고, 약탈과 폭동이 발생하지 않도록 하고, 급식과 급수차 그리고 구호품을 차례로 기다리는 냉정한 모습을 보여주어야 한다. 위기에서는 같이 살아야 한다는 진리를 국민들이 인식하도록 해 주어야 한다.

일본 고베 지진의 경우, 처참한 상황 속에서도 국민들이 질서를 유지한 것이 특징으로 꼽히고 있다.

꼭, 기억하세요!

1. 자신이 다치지 않았는지 살핀다.
2. 부상당한 사람이 있는지 살피고 응급처치를 한다.
3. 화재, 가스누출, 파손된 전선 등의 여부를 점검한다.
4. 여진이 오면 엎드리고 가리고 꽉 붙잡는다.
5. 건물이 위험하면 밖으로 대피한다.
6. 적십자나 그 밖의 기관에 도움을 요청한다.

고베 지진 생존자의 증언
"나는 이렇게 해서 살았다!"

1. 심하게 건물이 흔들리자 재빨리 이불을 뒤집어썼다. 선반에서 꽃병이 떨어졌지만 이불 때문에 상처를 입지 않았다.

   교훈 | 크게 흔들릴 때는 몸의 안전이 제일이다. 방석이나 베개 등으로 머리를 보호하고 테이블, 책상, 침대 밑 등으로 들어가 엎드린다.

2. 집이 심하게 흔들리면서 집안의 옷장과 화장대가 넘어졌지만 침실에는 큰 가구가 없어 무사했다.

   교훈 | 가구배치를 연구해서 집안에 피할만한 공간을 확보한다. 특히 침실에는 가능한 한 가구를 놓지 말고, 또 가구가 넘어질 것을 대비한 방지책도 강구한다.

3. 현관문이 열리지 않아 방안에 갇히게 되었다. 마침 쇠 파이프가 있어서 창문을 부수고 나왔다.

   교훈 | 지진이 발생하면 가능한 한 문이나 창문을 열어 탈출구를 우선 확보한다. 특히 아파트 단지의 철제문은 열지 못할 경우 심각한 결과를 초래할 수 있다.

4. 집이 무너져 매몰되었다. 몸을 움직일 수 없어 살기는 틀렸다고 포기했을 때 걱정이 되어 달려온 이웃 사람들에게 구출되었다.

   교훈 | 큰 재해가 발생했을 때 가장 좋은 구조대는 바로 이웃이다. 평소에 이웃 사람들과 친하게 사귀는 것이 좋다.

5. 한밤중에 지진이 발생했으나 손전등이 있어서 상처를 입지 않고 탈출할 수 있었다.

   교훈 | 밤에 닥친 재해나 정전에 대비하여 손전등은 필수품의 하나이다. 불빛은 불안감을 줄이는 효과도 있으므로 반드시 손전등을 준비한다.

6. 지진으로 흔들리는 순간 현관에 있던 아들의 신발을 신고 집을 뛰쳐나왔다. 신발 덕분에 발에 상처를 입지 않았다.

   교훈 | 탈출구는 위험물이 많기 때문에 가능한 한 굽이 낮고 튼튼한 신발을 신는다. 직장 사물함에도 갈아 신을 수 있는 신발을 항상 준비한다.

7	엘리베이터를 탈 시간이 없어서 계단을 통해 대피하였다. 엘리베이터를 탄 사람들은 정전으로 갇혀 있었다는 것을 나중에 알았다.	**교훈	** 큰 지진이 발생하면 정전 등으로 엘리베이터 안에 갇히게 될 우려가 있다. 엘리베이터를 타지 말고 반드시 계단을 이용하여 대피하도록 하라.
8	화재가 발생했지만 이웃들이 모두 합심하여 물통을 날라 간신히 불길을 잡았다.	**교훈	** 재난에 각자 대응하기보다는 서로 협력해서 구조 활동을 하는 것이 효과적이다. 평소에 지역자율방재활동을 중요시하고 방재훈련에도 자주 나가 참여하자.
9	대피할 때 현관에 대피장소를 적은 메모를 남겨 두었기 때문에, 걱정이 되어 달려온 아들 딸의 가족, 그리고 친척들과 바로 만날 수 있었다.	**교훈	** 대피할 때는 눈에 띄기 쉬운 곳에 장소를 적은 메모를 남긴다. 이를 위해 지진 배낭 안에 종이와 필기구(유성펜)를 넣어둔다.
10	지진발생 후 식량을 구할 수 없어 매우 곤란했다. 다행히 냉장고 안에 햄과 치즈 등이 조금 있어서 겨우 식사를 대신 하였다.	**교훈	** 큰 지진을 대비하여 적어도 3일분(저자: 한국은 적어도 7-15일분)의 비상식량을 준비해둔다. 휴대에 편리하고 보존이 쉬우며 조리가 필요 없는 비상식량이 좋다.
11	지진발생 후 며칠 동안 단수가 계속 되었다. 다행히 목욕탕 물이 남아 있어서 수세식 화장실 사용과 세탁에 큰 도움이 되었다.	**교훈	** 평상시에 목욕탕이나 세탁기의 물은 버리지 말고 남겨두도록 하고 물통에는 비상식수를 항상 준비한다.
12	사용하던 안경이 가구가 넘어져 망가졌다. 그러나 다른 안경이 있어 위기를 극복할 수 있었다.	**교훈	** 안경, 의치, 보청기 등은 소홀히 하기 쉬운데 의외로 중요한 것들이다. 아예 여분으로 하나 더 준비하여 지진 배낭에 넣어두는 것도 좋다.
13	한동안 "큰 지진이 다시 온다"는 소문이 돌았지만 라디오를 계속 듣고 있었으므로 동요되지 않았다.	**교훈	** 라디오는 정확한 정보를 얻기 위해 꼭 필요하다. 평상시에 여분의 건전지와 함께 라디오를 지진 배낭에 넣어둔다.
14	지진 후 집전화가 불통이 되어 공중전화를 사용했는데 바지 주머니에 있던 10엔짜리 동전이 매우 도움이 되었다.	**교훈	** 지진 발생 시 공중전화 외에는 사용하기 어려운 경우가 대부분이다. 비상용 현금 가운데 10엔짜리 동전도 미리 준비해둔다.

제 3 장

지진을 어떻게 대비할 것인가?

지진! 당신은 무언가를 해야 합니다.
지진 전, 지진 중, 지진 후에 무엇을 할 것인지를 알면 살 수 있습니다.
Earthquake! Do Something!
You and Your Family can Survive an Earthquake by Knowing What to do before, during, after.

대비 또 대비

1. 고베 대지진의 2대(大) "설마"

1) "설마 고속도로가 무너질까? 설마 빌딩이 무너질까?"

지진관측사상 처음으로 기록한 진도7(일본 기준)의 대지진은 이제까지의 "고베 안전신화"를 밑바닥부터 뒤집었다. 고베 대지진의 최대의 교훈은 "안전을 과신하지 말고, 지진에 대비하여 충분한 준비를 하라."는 것이다.

2) "설마 내가 사는 곳에 대지진이 일어나랴"

방심한 사람들은 생존을 위한 준비가 부족할 수밖에 없었다. 이러한 사실은 지진 이후 실시한 앙케이트 조사에서 "아무 것도 들고 나오지 못했다"는 응답자가 가장 많았던 것으로도 알 수 있다.

2. 평상시 충분한 준비

고베 대지진의 경우 활성단층의 운동으로 일어난 지진이라고 한다. 우리나라도 이미 활성단층이 발견되었고 지진 안전지대가 아님이 밝혀졌다.

대지진은 언제, 어디서라도 발생할 수 있으며 피해가 동시다발적으로 발생하여 광범위하게 확대된다. 대지진의 큰 피해를 줄이는 길은, 대지진을 많이 경험한 다른 나라의 교훈을 바탕으로, 미리미리 대비에 힘쓰는 길이다.

지진이 얼마나 무서운지 경험해 본적이 있는가? 지진이 발생하면 무엇을 할 지 생각해 보았는가? 해야 할 일을 생각해 보고, 필요한 물품들을 조금만 준비해도 피해를 최소한으로 줄일 수 있다.

"지혜로운 자는 최악의 순간을 대비한다."라는 말처럼 우리 앞에 닥쳐올 재난을 내다보고 즉시 할 수 있는 것부터 대비를 시작해야 한다.

3. 지진대비의 3단계

> **"생존을 위한 준비가 최고다"**
> 첫째, **계획**을 세우라!
> 둘째, **준비**하라!
> 셋째, **훈련**하라!

　지진의 대 재난으로부터 가정과 국가를 지키기 위해서는 먼저 거의 무방비 상태나 다름없는 우리의 현실을 깊이 인식하고 가족방재회의를 통해 지진대비 계획을 세워 나가야 한다.
　그리고 응급처치용 구급상자, 지진 배낭, 탈출 장비 등을 준비하고, 지진 중에 피해와 공포를 줄일 수 있도록 평상시 부모나 가장이 가끔 지진대비 가족 훈련을 통해 전기, 가스, 수도를 차단하는 법을 가족에게 가르쳐야 한다.

　자신과 가족, 가정의 피해를 최소화시키기 위해서는 사전대비 밖에 없다.

우리 집의 지진 대비

나의 생명은 내 스스로가 지켜야 한다.
살기 위해서는 사전에 준비를 해야 한다.

1. 방재를 주제로 한 가족회의

　지진은 갑자기 발생하므로 피해를 최소한으로 줄이기 위해서는 '내 가정은 내가 지킨다.'는 평상시의 준비가 중요하다. 지진피해는 동시다발적이므로 구조대가 나의 가족을 구해줄 거라는 생각은 접어 두어야 한다.

　평소 가족이 방재회의를 통해 지진으로부터 몸을 보호하는 방법을 서로 이야기하고, 비상시 가족이 당황하지 않고 대응할 수 있도록 각자의 역할을 논의해야 한다.

　가족방재회의는 가정방재관리자로 가장 적임자인 주부가 주재함으로써 사회생활에 바쁜 남편과 자녀들의 방재의식을 높일 수 있다. 가정에서 차를 마시면서 즐거운 분위기로 지진에 대해 이야기 하면, 현대생활에서 대화가 적은 가족 간의 유대를 깊게 하는 효과도 있다.

2. 가족 방재회의 6가지 주제

1) 가족의 역할분담

- 지진 발생 시 화재방지, 초기소화, 탈출구 확보 등의 역할분담을 정한다.
- 평상시 지진배낭 준비, 주택점검 등 지진대비의 역할분담을 정한다.
- 노인이 희생되는 경우가 의외로 많으므로, 병석에 있는 노인, 환자, 젖먹이나 어린이를 위해 역할분담의 특별한 대책을 세운다.

2) 주택의 위험요소 점검

- 집안과 밖을 점검하여 위험요소를 확인한다.
- 방치해서는 안 될 위험요소에 대해 수리나 보강하는 방법을 논의한다.

3) 각 방마다 재난대피계획을 세우고 훈련한다

● 잠재적 위험물들을 미리 고정시키거나 정리하여 집 안에 안전한 공간을 만들고 테이블이나 책상, 그리고 방 모서리 등 안전지역을 정한다.

● 넘어질 염려가 있는 가구나 떨어질 물건, 창문, 책장, 큰 거울, 캐비닛, 매달린 물건, 난로, 불이 있는 곳 등 위험지역을 정한다.

● 배터리를 넣은 손전등을 침대마다 설치하고 신발을 준비하여 유리나 날카로운 물건들로부터 보호하라.

● 지진 대피절차를 연습하여 지진이 발생하면 당황하지 말고 침착하게 대처하도록 이야기한다.

지진에 의해 죽거나 다치는 경우는, 지진 자체보다도 대부분 집안에 있는 물건들로 인한 부상과, 지진에 의한 화재로 인한 것이다. 지진으로 땅이 흔들리면 책장이 넘어지고, 캐비닛에 있는 물건들이 쏟아지고, 창문이 깨지며 천장에 달려있는 것들이 떨어진다. 깨지거나 상처를 줄 수 있는 위험한 것들은 옮기거나 단단히 고정시키는 일이 필요하다.

4) 지진 배낭, 소화기 점검과 교체

● 가족 한 사람, 한 사람을 생각하면서 필요한 물건이 지진 배낭 안에 제대로 준비되어 있는지 점검한다. 정기적으로 새 것으로 교체하는 일은(사용기한이 있는 비상식품, 비상식수, 건전지 등) 누가 담당할 것인지 이야기한다.

● 소화기, 구급상자 등 비상용품의 점검, 교체, 비치장소를 이야기한다.

● 지진 배낭에 넣을 구급약, 손전등, 배터리, 라디오, 여분의 배터리, 식품, 식수, 방한복, 튼튼한 신발, 그리고 처방약품(처방지시와 함께) 들에 대하여 이야기 한다.

5) 가족 간 연락방법이나 대피장소 논의

● 외부의 대피소에 피신했을 때 가족이 만날 장소를 정한다.
● 대피 장소까지 가는 길이 안전한지 이야기를 나눈다.
● 될 수 있으면 휴일을 이용해 산보를 겸하여 예비조사를 한다.
● 최단거리로 안전한 대피루트를 가족 모두 이야기한다.
● 피해를 입은 지역의 전화는 통화가 어려우므로 친척집 등을 연락처로 정해둔다
● 메시지를 전달하는 장소 등을 정해둔다.

6) 지진 모의 훈련

● 지진 발생 시 3가지 기본대응을 상의하고 연습한다.

> **" 잊지 말라, 지진 발생 시 3대 기본 대응을! "**
>
> 1) 몸의 안전을 확보한다.
>   엎드리고 가리고 꽉 잡는다.
> 2) 탈출구를 확보한다.
> 3) 신속하게 불을 끈다.

● 지진 후 가족이 해야 할 일을 논의하라.

초기소화, 건물의 안과 밖 점검, 대피, 해일 대피, 여진대비 등 실제 지진(고베, 대만, 터키, 멕시코, 일본과 인도네시아 대해일 등)을 가정하여 그때 각자가 어떻게 행동할 것인지 모의훈련을 한다. 모의훈련은 실제 상황에서 당황하지 않게 해준다.

"지진직후의 수일간은 꼭 캠프생활 같았다."
"야외용품이 많이 도움이 되었다."

이런 증언들은 대지진 때 대피소 생활을 하던 이재민들의 말이다. 야외에서 사용하는 휴대용 버너나 코펠, 등산용 휴대식량, 침낭 등이 큰 도움이 되었다고 한다. 또 추운 때라 방한복이 의외로 큰 도움이 되었다고 한다.

큰 지진 직후에는 전기, 가스, 수도 등 라이프 라인이 끊기고 먹을 것도 없는 상황을 각오하지 않으면 안 된다. 그럴 때 야외생활의 지식이나 경험은 어려운 상황을 극복하는 도구가 될 수 있다. 여름방학 등을 이용하여 가족 모두 캠프생활의 경험을 쌓아두자.

할 수 있다면 재해시의 모의훈련으로 텐트에서 자고, 조명은 손전등이나 양초만 사용하고, 음식도 휴대식량과 비상 식수만으로 생활하는 체험을 하자.

텐트 안에서 가족방재회의를 하여 야외생활의 지식을 배워두며 모두 같이 산과 들에서 구한 식물로만 요리하는 것을 시도해 보는 것도 좋은 훈련이 될 수 있다.

> **"평상시 훈련해야 할 3가지"**
>
> 1) 물, 가스, 전기 끄는 방법
> 2) 응급처치
> 3) 비상시 가족을 모두 만날 수 있는 방법

3. 우리 집의 실내점검

큰 지진이 발생했을 때, 집안 어느 곳에 있어도 안전하도록 미리 공간을 만들어 놓는 것이 중요하다. "옷장이 넘어져 밑에 깔렸다", "찬장에서 깨진 유리가 비 오듯이 튀었다"는 증언처럼 가구는 순식간에 흉기로 변할 수 있다.

고베 지진에서는 가구가 넘어지거나 떨어져서 죽거나 다친 사람이 많았다.

가구의 배치를 강구하여 집안에 안전한 공간을 만들고 위험이 예상되는 가구를 단단히 고정시켜야 한다.

행복한 나의 가정을 지킬 수 있는 방법은 갑자기 규모가 큰 지진이 와도 당황하지 않도록 평소부터 지진을 대비하여 집안을 점검하고 비상용품을 비축하는 것이다.

다음 사항들을 잘 점검하여 내 집은 내가 지키도록 하자.

1) 식당, 부엌
● 찬장은 L자(字) 고정구(固定具) 등으로 넘어지지 않게 고정하고 찬장 문에 빗장을 해서 물건이 쏟아지지 않도록 한다.

- 찬장 등의 유리문에는 비산 방지 필름을 붙여서 유리가 깨져도 튀지 않도록 한다.
- 무거운 냄비, 전자레인지 등이나 유리 종류는 찬장의 아래, 가벼운 식기는 위쪽에 놓고 찻잔이나 밥공기, 컵, 술잔 등은 엎어 놓는다.
- 유리가 튈 때는 다치지 않도록 바닥이 두꺼운 슬리퍼를 신는다.
- 개별 난방보일러는 천공 금속 띠로 벽에 단단히 고정시킨다.

  가스관이 파손되면 화재가 발생할 우려가 높으므로 보일러나 LPG통은 튼튼하게 고정해야 한다.

2) 거실

- 책장이나 캐비닛 등 허리높이 이상의 가구들은 체인이나 긴 나사못을 이용하여 벽이나 기둥에 고정시킨다. 무거운 책은 아래, 가벼운 책은 위에 놓고 빈틈없이 가지런히 놓는다. 책장은 철제보다 목재가 덜 위험하다.
- 가구의 유리나 유리창은 비산방지 필름을 붙여서 유리가 깨져도 튀지 않도록 한다.
- 피아노가 지진에 의해 돌진하면 무서운 흉기로 변하므로 받침대로 받치고, 움직이지 않도록 고정한다.
- 타자기, 컴퓨터, TV, 스테레오 등은 고정시킨다. TV위에 놓은 어항은 지진 발생 시 쇼트로 화재가 발생하거나 감전되는 원인이 된다.
- 거울이나 액자 그리고 매달린 전등과 같은 잠재적 위험물은 고정시켜 놓는다.
- 조명기구는 천장이나 벽에 고정되어 있는 형태가 비교적 안전하고, 코드에 매달려 있는 전등은 위험하다. 형광등이나 전구가 노출되어 있는 것도 위험하다. 코드에 매달린 조명기구는 체인을 이용하여 여러 곳에 고정시킨다.

3) 침실

- 취침 중에는 무방비 상태임을 명심하라.
- 가구는 벽에 붙이고, 유리창이나 문을 등지고 놓지 않는다.
- 가구는 넘어지지 않도록 고정구로 고정하고, 2단식 가구는 아래 위를 고정한다.
- 가구위에는 무거운 물건이나 유리 케이스 등을 놓지 않는다.

잠재적 위험물을 줄이거나, 위험물을 옮겨 집안의 위험을 줄인다.

제3장 지진을 어떻게 대비할 것인가?

- 가구가 쓰러져도 다치지 않도록 침대의 위치와 가구의 배치를 고려한다.
- 이불장, 옷장 같은 가구는 낮은 것을 선택한다.
- 갑작스런 지진으로 놀라서 일어나다가 깨진 유리를 맨발로 밟지 않도록 바닥이 두꺼운 슬리퍼를 침실에 준비한다.
- 침대는 창문에서 먼 곳에 놓는다.

4) 가구를 배치하는 요령

- 집안에 대피처로 안전한 공간을 만든다.

  방이 여러 개 있을 때는 사람의 출입이 적은 방에 가구를 함께 배치한다. 이것이 어려울 경우, 안전한 공간의 확보를 위해 가구의 배치를 변경해 본다.

- 침실, 어린이방, 노인방에는 가구를 놓지 않는다.

  취침 중에 지진이 발생하면 위험하다. 어린이나 노인, 젖먹이나 환자 등은 신속하게 대피하기 어렵다. 또 사람이 출입하는 현관이나 복도에는 가구를 놓지 않도록 한다. 어쩔 수 없는 경우에는 잘 넘어지지 않는 물건만 놓고 단단히 고정한다.

- 가구는 고정시킨다.

  미끄러지기 쉽거나 바퀴가 달린 가구는 다리에 고무 캡 등을 부착시킨다. 가구 위에 다른 것을 올려놓을 때는 접착테이프로 서로 단단히 붙여 놓는다.

- 벽이나 기둥에 틈이 없이 꼭 붙여 놓는다.

  가구와 벽, 가구와 기둥 사이에 간격이 있으면 넘어지기 쉽다. 가구 밑에 작은 받침판 등을 넣어 균형을 맞추면서 벽이나 기둥에 밀착시켜 고정한다. 창유리 등 깨지기 쉬운 것을 등지고 놓는 것은 위험하다.

- 가구 구입 시 유의 사항

  가구를 구입할 때는 폭이 좁고 높은 것은 넘어지기 쉬우므로 피한다. 높이와 깊이의 비는 10:4 이상이면 비교적 안전하다.

4. 방재용구의 준비

방재용구는 불을 끌 때나 주위 사람을 구조할 때 필요한 도구로, 미리 준비하지 않으면 지진이 발생했을 때 매우 어려운 상황에 처하게 된다. 평상시에 우리 집에 필요한 다음과 같은 방재용구를 준비한다.

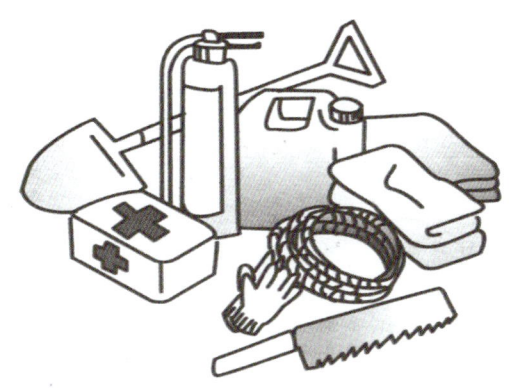

소화기, 물통, 응급구급세트, 장갑, 로프, 톱, 삽, 담요, 방수 시트 등

지진 배낭

지진이 발생했을 때, 만일의 경우에는 즉시 대피해야 한다. 이런 때를 대비하여 평상시부터 비상 휴대품을 넣어 둔 지진 배낭을 준비한다. 재해가 발생하였을 때는 제일 먼저 들고 나갈 1차 휴대품과, 그 후에 여러 날을 버틸 수 있는 2차 휴대품으로 나누어, 대피 시에 짊어지고 양손을 쓸 수 있도록 적당하게 배낭에 넣어둔다.

1차 지진배낭은 만일의 경우 즉시 꺼낼 수 있도록 침실에서 가까운 장소에 놓아둔다.

2차 지진배낭은 현관에 놓아두거나 될 수 있는 대로 현관에 가까운 벽이나 기둥에 매달아 둔다.

지진배낭은 지진 발생 시 꼭 필요한 것으로, 만약 집이 무너져도 꺼내기 쉬운 장소에 두고, 가족 모두 지진 배낭이 어디에 있는지를 알아두는 것이 중요하다.

1) 1차 지진배낭의 비상용품

대피할 때 최우선으로 메고 나갈 필수품들을 넣는다. 무게는 남자 15kg, 여자 10kg 정도가 적당하며 다음 물건들을 넣는다.

① 귀중품
- 현금, 휴대전화, 인감, 면허증, 예금통장, 권리증 등

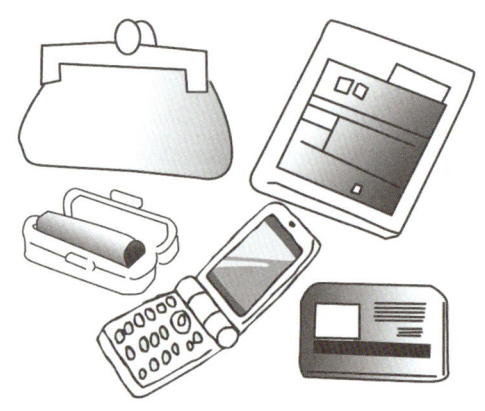

② 휴대용 라디오
● 소형이고 가벼운 것으로 FM과 AM 겸용이 바람직하다.
● 충분한 여분의 건전지

③ 조명기구
● 손전등(될 수 있으면 1인당 1개씩 준비하고 여분의 건전지도 잊지 말 것)
● 양초(굵고 안정성 있는 것으로)
● 성냥, 라이터, 이그나이터

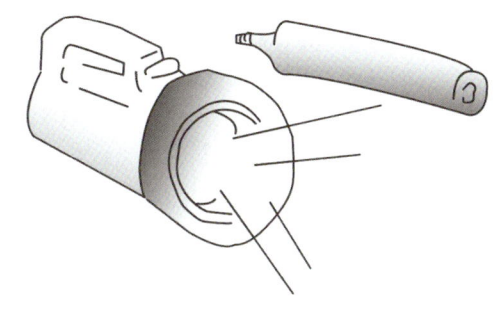

④ 구급약품
● 반창고, 거즈, 붕대, 삼각건, 체온계, 소독약, 해열제, 위장약, 감기약, 진통제, 안약, 가시 빼는 것(족집게 같은 것)등, 지병이 있는 사람은 상비약 준비, 처방전

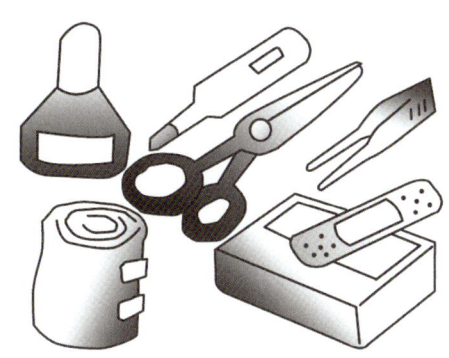

⑤ 비상식품과 비상식수
● 건빵이나 통조림 등 요리하지 않고 먹을 있는 것. 물, 물통, 휴지, 1회용 컵, 다용도칼 등

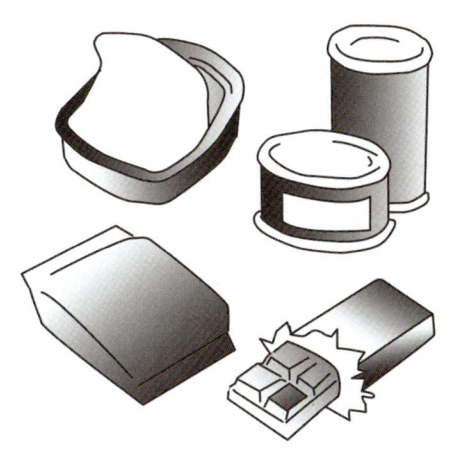

⑥ 의류, 기타
- 하의, 상의, 양말, 손수건, 수건, 키친 타올, 안전모, 방재모자, 라이터나 성냥, 비닐 시트 등
- 아기가 있을 때는 분유, 우유병, 종이기저귀 등

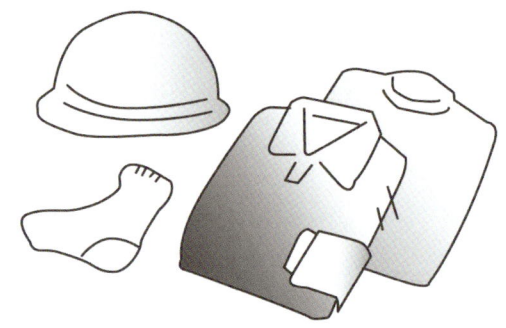

2) 2차 지진배낭의 비상용품

원활한 배급이 가능할 때까지 수일간을 버틸 수 있도록 우리나라의 실정을 감안하여 다음 물품들을 최저 7일에서 15일분을 준비한다.

① 식품
- 그냥 먹을 수 있거나 간단하게 조리하여 먹을 수 있는 식품
- 쌀, 햇반, 통조림, 라면, 떡, 초콜릿, 주스, 인스턴트 반찬, 조미료 등

② 음료수
- 음료수는 대인 1인당, 1일 3ℓ를 기준으로 준비한다.
- 수시로 보존기간을 확인하고 기한이 지난 것은 교체한다.
- 생활용수는 1인 1일 1ℓ 기준으로 준비한다.

③ 야외생활용 기구 및 기타용품

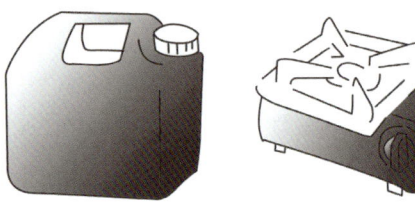

- 휴대용 가스버너, 고체연료, 가스통,
- 주방용 랩(용도가 많다. 음식을 싸서 먹은 후 버리면 그릇을 씻지 않아도 된다), 비닐봉지
- 세면도구(치약, 칫솔, 세수 비누 샴푸 등)
- 여성 생리용품
- 신문지(연료로 사용 외에 방한용으로도 사용함)
- 비닐 시트(깔개로 쓰는 외에 지붕이나 창을 가려 비(雨)를 피할 수도 있다.)

④ 대피생활이 장기간일 때 편리한 용품
- 텐트, 슬리핑 백, 담요, 냄비(코펠)
- 휴대용 변기, 휴대용 난로, 바늘, 실, 우비, 헝겊 테이프(짐 정리, 금이 간 유리 보수, 지혈 등, 여러 용도로 사용할 수 있다.)
- 지도, 필기도구(매직 등), 책, 교과서, 노트, 장난감 등(아기가 있을 때)

3) 가족의 특수 상황에 따른 준비품

① 아기가 있는 경우
분유, 이유식, 우유병, 종이 기저귀, 업는 띠, 식수, 방한복, 모자, 의류 등

② 고령자나 신체 부자유자가 있는 경우
상비약, 간호용품, 보청기, 기저귀, 업는 띠(대피할 때 쓴다)나 들것

③ 대피 시 잊기 쉬운 물건으로 베개 옆에 두어야 할 것(의치, 안경, 구조요청용 호루라기)

부모로서 할 일

지진은 무서운 것임을 인식하라. 지진을 대비하라
1) 피해와 공포를 줄이기 위해 식구들이 가끔 의논하고 지진훈련을 하라.
2) 전기, 가스, 물을 잠그는 법을 가족들에게 가르치라.
3) 심한 지진 후에는 일손이 모자라므로 가족들이 응급처치(First aid)를 배워라.
4) 손전등과 휴대용 라디오와 여분의 배터리를 항상 준비하라.
5) 가족이 반드시 가스 중간 밸브를 잠그는 습관을 들이도록 하라.
6) 지진 배낭을 만들어라.
7) 소화기를 비치하고 사용법을 배우라

건물의 안전도 검사

우리나라 건축물의 주종을 이루는 다음 4가지 건축물에 대한 과거 지진의 교훈을 살펴본다.

1. 목조건물

일반 목조건물은 건물의 무게가 가벼워 지진에 가장 안전한 구조가운데 하나로 볼 수 있다. 그러나 우리나라의 전통한옥은 지붕에 무거운 기와를 사용하고 있어 오히려 지진에 불리하다. 특히 일본에서 사찰건물에 피해가 많은 것은 이러한 이유 때문이다.

그리고 주춧돌 위에 기둥을 놓은 형식의 목조구조물은 지진에 취약하다. 미국 LA에서는 큰 지진을 겪은 후 기둥과 기초사이를 보강하는 작업(Anchoring)을 실시하였다. 한편 목조건물은 지진 발생 시 수반되는 화재에도 취약하다.

2. 철근 콘크리트 건물

철근 콘크리트(R.C) 건물은 내구성과 내화성이 좋은 구조이지만 자중이 무거워 지진에 불리한 면이 있다. 그러나 제대로 설계하고, 시공한 철근 콘크리트 건물은 지진에 강한 건물로 평가될 수 있다.

일본의 고베와 최근의 대만지진의 경우를 살펴보면, 철근 콘크리트 건물 기둥과 보의 철근 배근 상세가 부적절하여 많은 피해가 발생한 것을 알 수 있었다. 국내에서도 영세 건설업자가 시공한 소규모 철근 콘크리트 건물은 시공 상태가 취약할 것으로 예측된다.

무서운 지진의 액상화 현상

반복해서 일어나는 지진의 진동 때문에 지하수와 땅속의 모래가 혼합되어 지반의 강도가 약해진다. 그 결과 건물이 기초부터 붕괴되는 무서운 현상이 일어난다. 액상화가 일어나는 곳은 수분이 많이 섞인 모래지반으로 강을 매립한 지역은 주의를 요한다.

3. 철골건물

철골 부재는 강도가 크고, 충격에 대한 에너지 흡수력이 크며, 콘크리트에 비하여 자중이 가벼워 지진에 유리한 구조이다.

그러나 이 구조는 접합부 설계가 중요하며, 이 부분에 많은 피해가 발생한다. 철골구조는 일반적으로 내화용 뿜칠(Spray)을 하기 때문에 지진 발생 후에도 피해 점검이 용이하지 않은 점이 있다.

4. 조적건물

조적건물은 벽돌이나 블록 등으로 쌓은 건물로서 지진에 가장 취약한 구조이며, 중동 지역의 지진 피해는 대부분 조적건물에서 발생하고 있다. 그러나 블록건물의 경우, 철근으로 적절히 보강하여 내진성을 높일 수 있다.

5. 우리 집은 어떠한가?

목조주택이나 벽돌집은 대부분 무너진다고 봐야 한다. 6천 명이 넘는 희생자가 발생한 고베 대지진이나, 30여만 명이 희생된 아이티 지진의 경우 희생자의 대부분은 주택의 붕괴에 의한 매몰이나 화재로 인한 희생이었다. 그러나 미국에서는 건물의 붕괴로 인명이 희생되는 경우가 많지 않다.

이러한 사실은 주택의 안전대책이 얼마나 중요한지를 말해준다. 내진을 고려하지 않아 시공이 부실했던 우리나라의 예전 건축물은 대지진 발생 시 엄청난 비극을 초래하는 요인이 될 것이다. 이런 현실을 감안하여 우리 집은 안전한지 다음 항목을 참고로 주택이나 그 주변의 안전도를 점검하라.

전문가는 주택이 쉽게 파손되는 특징으로 다음 사항들을 제시하고 있다.

- 건축한 지 30년 이상 된 낡은 주택
- 기와집(기와지붕은 무겁다)
- 버팀대(가새)가 적은 건물
- 창이 많아 상대적으로 벽이 적은 주택

위의 점검사항을 바탕으로 자기 집을 빨리 점검해야 한다.

주택의 안전도 점검요소

① **지반**

매립지, 저습지, 연약지반(깊을수록 위험) 지역인지 점검한다.

액상화의 가능성이 있는 모래지반인지 점검해야 한다. 부드러운 토양은 충격파를 증폭시켜 피해를 가속화시킨다. 따라서 매립지에 건축된 건물은 주의를 요하며 기초 공사는 단단한 암반위에 세워져야 한다. 고베항의 대 파괴에서 견딘 건물은 대부분 암반에 기초한 것이었다.

② **노후도**

낡은 집은 주의하라. 특히 기둥과 보에 썩은 부분이 있거나 개미가 갉아 먹은 집은 위험하므로 건물의 외벽, 부엌이나 욕실주위의 토대를 드라이버 등으로 찔러보아 점검한다.

③ **건물의 모양**

대칭형 건물은 비교적 안전하나 비대칭형건물은 지진에 취약한 경향이 있다.

④ **버팀대(가새)**

버팀대(가새)가 있는 것은 더 안전하고 없는 것은 지진에 취약하다.

⑤ **벽**

벽이 많을수록 안전하고 적으면 더 위험하다.

⑥ **기초**

콘크리트 기초에 세로, 가로로 철근이 들어가 있는 것은 비교적 안전하고 철근 없이 돌, 벽돌만으로 채운 기초는 위험하다.

⑦ **구조형식**

위가 무거운 구조의 집은 지진에 약하다. 특히 주의해야 할 것은 지붕이다. 무거운 기와지붕보다 동판이나 함석, 스레트 지붕이 가볍고 안전하다. 또 포항지진에서 드러난 것처럼, 1층은 기둥뿐이고 벽이 없는 필로티(Piloti)방식의 연립건물 등은 보기에는 멋이 있지만 하부가 약하기 때문에 주의를 해야 한다.

집 주위의 안전대책

- 블록 벽이나 돌담, 문기둥 등을 점검하여 노후화된 것이나 문제가 있을 때는 보강한다.
- 불안정한 기와지붕이나 안테나 등을 보강한다.
- 베란다의 화분 등은 낙하하지 않도록 고정한다.
- 프로판가스 통은 체인으로 단단히 고정한다.
- 블록 벽은 너무 높지 않은지, 기초는 튼튼한지 등을 살핀다.
- 가능하면 전문가의 의견을 듣는다.

집 소유자가 해야 할 일

- 낡고 약한 건물은 보강하거나 내진 건물로 재건축하라.
- 자신이 살고 있는 아파트나 주택을 재점검하라.
- 건물의 부착물은 제거하거나 고정시켜라.
- 집을 점검하라.

집소유자나 거주자는 지진을 대비해서 집을 점검해야 한다. 도시가스 배관이 절단되거나 부서지면 화재 발생 가능성이 높다. 온수기, 가스기구 등은 튼튼하게 고정해야 한다. 선반들을 벽에 안전하게 고정시키고 크고 무거운 물건들은 선반 아래에 놓아야 한다.

학교의 지진 대비

1. 계획과 훈련

- 재난대비 계획 수립
- 정기적인 지진 대비훈련 실시 및 1년에 두 번 정도 지역과 관련된 대(大)규모 훈련 실시
- 재난대비에 훈련된 교사로 전문팀 구성
- 내진 설계가 되지 않은 학교건물의 보강

2. 학교 내 비치용품

- 3일간의 비상식수 및 비상식품
  학생들을 적어도 3일 정도 보호할 수 있는 비상식수와 비상식품을 비축한다.
- 구출장비
  취약한 학교건물을 감안하여 구조대가 오기전이라도 구조 활동을 할 수 있도록 구출장비를 준비하고 교사들은 구출훈련을 받도록 한다.
- 비상용품들을 저장하는 용기
  식수 외에 비상식량이나 구조장비 등을 학교 내에 저장할 수 있는 컨테이너 등을 준비한다.
- 재난대비 안내서
  아이들에게 재난 시 행동 등을 교육할 수 있는 안내서를 비치한다.
- 구급상자(first aid kit)
  아이들은 고통을 견디기 어렵고 세심한 배려가 필요하다. 구급상자(first aid kit)를 교실마다 준비하여 만약의 사태를 대비해야 한다.

3. 긴급 통화 시스템 구축

- 재해 보고 및 구조요청용 긴급통신시스템 구축
- 휴대용 라디오 설치
- 학교버스에 통신 시스템 설치

4. 학생들의 평상시 훈련

- 공포를 줄이기 위해 지진에 대한 대화 및 훈련

  훈련된 아이들이 어른보다 더 지진에 잘 대비하는 것으로 보고되고 있다. 학교생활에서의 지진대비 훈련과 가정에서의 지진대비훈련은 의외로 큰 효과를 얻을 수 있다.
- 전기, 가스, 물을 잠그는 법

  전기 스위치를 내리고 가스를 잠그며 수도 중간 밸브를 잠그는 방법을 가르쳐 아이들도 피해를 최소화 하는데 도움을 줄 수 있어야 한다.
- 소화기 사용

  반드시 교실이나 필요한 곳에 소화기를 비치하고 소화기 사용법을 숙지시킨다.

5. 지진 발생 시 기본 행동의 숙지

훈련받지 않은 아이들은 밖으로 뛰어 나가려 하고 공포에 휩싸인다. 지진이 발생하면 재빨리 책상 밑으로 들어가 엎드리는 훈련을 한 달에 한 번 정도 반드시 하도록 한다.

훈련은 실제처럼, 실제는 훈련처럼

"책상 밑에 엎드리고 가리고 꽉 잡을 것"

안전절차를 연습해 본 학생들은 지진 중에 더 조용히 대처한다.

6. 운동장으로 대피 시

지진 발생 후 공포에 휩싸인 아이들을 통제하기란 쉽지 않다. 평소 훈련이 공포를 극복할 수 있으므로 1년에 한두 차례 운동장으로 피신하는 훈련을 하는 것이 좋다.

지진이 가라앉은 후 아이들이 운동장으로 대피할 때, 다음 행동을 하도록 평소에 훈련시켜야 한다.

1) 친구를 밀지 말 것
2) 뛰지 말 것
3) 울지 말고 소리치지 말 것
4) 원래자리로 돌아가지 말 것

7. 학생들의 보호

건물이 파괴되고 많은 인명피해가 발생하였을 경우 학생들을 집으로 귀가시키지 말고 교내의 안전한 장소에 대피시킨 후 부모들이 데리러 올 때까지 보호해야 한다. 적어도 사흘정도는 보호할 준비가 갖추어져야 한다. 또한 어린 학생들인 만큼 재난 시 우선 구조, 구호를 할 수 있도록 관련 기관과 긴밀한 협조체제를 구축해야 한다.

직장의 지진 대비

1. 직장의 지진 대비

- 평상시에 사무실 사무기구의 배치상황을 점검한다.
- 캐비닛이나 서류함 등은 벽이나 기둥에 고정시킨다.
- 직장에서 비상시 취할 역할을 분담하고 기억하게 한다.
- 재난발생 시 당황하지 않도록 직장의 방재회의를 정례화 해야 한다.
- 지진을 대비하여 모의 훈련을 한다. 가능하면 년 1회 정도 방재훈련을 한다.
- 평상시 사무실 내의 위험한 곳을 점검한다.

2. 보관함에는 비상용품을 준비한다

점차 통근거리가 길어지는 현대의 직장생활에서, 큰 지진 발생 시 귀가가 어렵다는 것도 고려하여 직장에 비상용품을 상비해야 한다. 가정에 지진비상용품을 준비하듯 직장의 사물함에도 지진을 대비하여 비상용품을 준비하는 것이 좋다.

① 예비안경
② 긴 바지와 긴팔 셔츠
③ 응급처치약
④ 물
⑤ 비상식품(건빵 등)
⑥ 소형 라디오
⑦ 지도
⑧ 목장갑
⑨ 방재모자
⑩ 손전등

⑪ 건전지
⑫ 우의
⑬ 현금
⑭ 주소록 및 중요서류
⑮ 대피용 구두(바닥이 두꺼운 것)

만일 개인 사물함에 여유가 있으면 상기품목 외에 수건, 종이행주, 물주머니, 라이터, 비닐시트 등도 함께 준비한다.

지방자치단체의 지진 대비

1. 취약자를 보호하는 아름다운 지역 만들기

재해에 약한 노인이나 젖먹이, 어린이, 심신장애인, 환자, 외국인 등 재해에 취약한 사람들이 안심하고 생활할 수 있는 지역으로 만들어야 한다. 재해에 취약한 사람들이 보호받을 수 있는 지역이 진정 재해에 강한 지역이라고 할 수 있다.

예를 들어, 대피로(路)는 휠체어가 통과할 수 있는지, 표지는 외국인도 알아볼 수 있는지, 청각장애인에게도 대피권고를 할 수 있는지, 환자의 보호나 의료체제는 충분한지 등을 점검한다. 만일 문제가 있으면 지역 자율방재조직이 중심이 되어 지역 구성원 모두 구체적인 지원체제를 검토하여 재해에 취약한 사람들이 안심하고 살 수 있는 지역을 만들어야 한다.

2. 체제정비, 홍보 및 훈련

- 지역주민들이 지진에 대하여 알고, 스스로 대비할 수 있도록 홍보하고 교육한다.
- 주관기관과 지원기관의 재난대비 협조체제를 구축한다.
- 비상식, 비상용품을 비축한다.
- 비상용수로 사용할 급수시설을 설치한다.
- 지진 복구요원을 정예화 한다.
- 지역에 수준 높은 지진대비 훈련을 정기적으로 실시한다. (사이렌 같은 경고시스템의 숙지와 전 지역 또는 일부지역에 강도 높은 훈련 실시)
- 정보수집시스템을 구축한다.
- 비상시 배급체계를 구축한다.
- 지역자율방재조직을 결성한다.
- 자원봉사체제를 구축한다.

3. 비상용품의 비축

일본의 경우 동경의 각 자치구는 지진을 대비하여 많은 물자를 비축하고 있다. 첫날은 자체적으로 조달하고, 둘째 날은 동경 시에서 그리고 사흘째부터는 자원봉사자들에 의해 필요한 식량이나 물자를 조달받는 계획을 가지고 있다.

우리나라의 경우는 큰 지진의 주기가 200년에서 300년으로, 지진의 경험이 적어 지진의 심각성을 깨닫지 못하고 있다. 따라서 국가적 차원에서도 지진의 대비는 미약할 수밖에 없다. 그러나 2016년의 경주 5.8지진과 2017년 포항 5.4 지진을 겪으면서 지진에 대한 경각심이 일어나고 있다.

각 지자체는 지자체 나름대로 조례 등을 제정하고, 국가의 지원을 받거나 자체 예산으로 지진을 대비한 비상용품을 비축해야 한다. 비상식수와 용수 그리고 복구용 방재기구, 일용품, 비상식 등을 하루 빨리 준비해야 한다. 자치구역 안에 여러 개의 창고를 만들고 재난 시 필요한 비상품목을 꼭 비축하도록 한다.

4. 재난복구요원의 정예화

- 지진 발생 시 초동대응으로 대피소에 파견될 직원의 훈련
- 대피소 주민에게 생필품공급을 위한 훈련
- 지진피해 정보의 제공 및 수집훈련
- 구조, 구급, 구호 훈련의 강화

5. 지역 자율방재조직 활성화

1) 지역자율방재 조직의 중요성

"무너진 건물에 매몰되었으나 이웃 사람들이 구해 주었다."
"이웃이 힘을 합해 물통을 날라 불길을 막았다."

고베 대지진에서는 지역 사람들에 의한 구조 활동이 인명을 구출하고 화재를 진화하여 피해를 최소화 하였다고 보고되고 있다.

만일 우리 마을에 대지진이 발생한다면?

규모가 큰 지진이 오면 교통이 두절되고, 정전으로 전기가 차단되고, 파괴된 수도관으로 인해 물이 솟구치거나 통신수단에 혼란이 생길 것이다. 구조대도 피해 당사자이므로 행정기관이나 소방서, 구급차들은 시민들이 바라는 만큼 쉽게 재해현장으로 출동하기 어렵다.

이런 상황에서 살아남고 또 피해를 극소화하기 위해서는 지역주민의 자율적인 상호협력 체제가 절실히 필요하다.

"우리 마을은 우리가 지킨다"라는 강한 연대감과 방재의식으로 자율방재조직에 적극 참여하여 어떠한 재난도 극복하는 마을을 만들어야 한다.

개인의 이기주의가 심한 지역에서는 결국 그 피해가 주민들에게 돌아가며 엄청난 재해로 연결될 것이다. 지진 같은 재해 시는 한 사람 한 사람이 각자 행동하는 것보다 지역구성원들이 집단적으로 방재활동을 하는 것이 효과적이며 평상시부터 지역의 사람들과 교류하여 지역자율방재조직을 만들어 재해에 강한 지역을 만들어야 한다.

2) 지역자율방재조직의 주요활동
- 조직 편성과 역할 분담
- 강연회나 인쇄물 등으로 방재지식 보급
- 정보의 수집, 전달
- 화재방지, 초기소화
- 구조 및 구급
- 대피유도
- 급식, 급수
- 소화기, 구출장비 등 방재 도구 확보
- 지역 내 위험한 곳의 방재지도 작성
- 소화훈련이나 대피훈련 등 방재훈련 실시

3) 지역 자율방재활동을 할 때 유의할 점
- 많은 주민이 참가하는 즐거운 활동일 것
- 특정의 정치단체나 종교단체의 지원 없이 주민 자신의 힘으로 활동할 것
- 활동목표나 내용이 명확하고 처음과 끝이 일관되어 있을 것

4) 지역 자율방재조직 결성

우리나라와 같이 지진대비가 미흡한 상황에서 피해지역이 광범위할 경우 국가가 모든 것을 해결해 줄 수 없음을 국민들은 인식해야 한다. 이 어려운 상황을 극복하는 길은 먼저, 국민 스스로 해결해 나갈 수 있는 능력을 갖추는 것이 가장 현명한 방법이다.

이를 위해 법 제정을 통하여 전국적으로 최소 행정단위, 반상회, 민방위 조직을 중심으로 자율적 방재체제를 결성하고 필요한 교육을 실시해야 한다.

● 자율 방재조직을 만드는 법

효율적인 방재 활동은 한 두 사람의 힘으로는 전체 효과를 기대하기 어려우므로 조직의 힘을 최대한 발휘하는 것이 중요하다. 따라서 활발한 자율방재조직을 만들기 위해서는 지역 실정에 맞는 조직을 결성하는 것이 중요하다.

자율방재조직은 지역주민으로 구성되어 방재활동의 기초가 되므로 이미 만들어진 민방위의 세분화된 조직을 활용하고 반상회와 각종 자치회 등의 단위로 주민이 자발적으로 결성하는 것이 바람직하며 새로 만들 때도 지역의 각종 단체나 작은 조직 등과 협력하여 만드는 것이 바람직하다. 한 목표를 가지고 연대감으로 방재활동을 효과적으로 할 수 있는 규모가 최적이다. 또 활동할 때도 활동의 목적이나 조직구성, 방재계획 등을 명료하게 해 주어야 한다.

● 조직의 구성

조직은 대장, 부대장, 정보 반, 소화 반, 구조구급 반, 대피유도 반, 급수급식 반 등으로 편성하면 된다.

5) 지역 자율방재조직의 훈련
- 방재훈련에 적극적으로 참여토록 유도

 삼풍백화점 사고의 날, 포항지진 발생일 같은 일 년 중 어느 하루를 방재의 날로 정하여 매년 대규모 방재훈련을 실시해야 한다. 방재훈련 때는 가족, 직장, 군, 관공서, 학교, 병원 등 모두가 참가하여 소화훈련, 대피훈련의 경험을 통해 방재훈련이 얼마나 중요한지를 알도록 홍보해야 한다.
 지역자율방재조직의 훈련을 지역 활동의 고정 프로그램으로 정착시키는 것도 중요하다.
 재해에 취약한 사람들도 참가하여 방재훈련을 실시하고 재해 취약자 자신이 초기소화를 할 수 있도록 지역 사람들이 도와준다.

6. 자원봉사체제 구축

- 엄청난 피해를 가져온 고베 대지진은 일본에 큰 충격을 주었지만 그 충격을 이겨낼 수 있었던 것은 지진발생 즉시 현장으로 달려간 수많은 자원봉사자들 덕분이었다고 한다. 그 수는 병고현(縣) 만도 줄잡아 100만 명 이상에 달하였다고 한다.
 평소에는 느끼기 어렵지만, 우리가 사는 사회는 사람과 사람이 서로 도움을 주고받으며 살고 있다. 뜻하지 않은 재해로 어려움에 처했을 때 많은 사람들이 서로 돕는 것은 너무나 당연하다.

● 우리나라도 자원봉사자의 활동이 점점 두드러지고 있다. 살기 좋은 사회를 만들기 위해서는 적절한 자원봉사 활동을 자원해야 한다. "자원봉사자"는 어떤 특별한 일을 하는 사람들이라고 생각하는 사람들도 많지만 발런티어(Volunteer)라는 것은 "스스로 자신의 의지를 가지고 행동한다."는 의미이기 때문에 자기가 하고 싶은 일을 하는 사람이라고 생각하면 된다.

재해 등의 특별한 때뿐 아니라 일상생활 속에서도 발런티어 정신을 발휘하면 사회는 한층 살기 좋은 사회가 될 수 있다.

● 예를 들어 당신이 사는 근처에, 자력으로 거동이 힘든 장애인이 있으면 공원을 산책하거나 쇼핑을 같이 가는 일을 할 수 있다. 서로 친해지면 지진 대피 코스를 같이 걸어 볼 수 있다. 또 근처에 외국인이 살 때는 친절하게 생활에 필요한 최소한의 우리말을 가르쳐 주라. 그리고 "불이야", "대피소", "지진경보" 같은 기본적인 방재용어도 가르쳐 줄 수 있다. 자원봉사자들의 이런 작은 봉사가 따뜻한 지역을 만든다.

● 취미나 특성을 살리는 것도 좋은 방법이다. 예를 들어 그림을 그리는 주민은 몸이 불편한 사람들에게 도움이 되는 그림표지판을 만드는 것도 좋다. 대피 코스의 위험한 곳, 화장실에 휠체어 진입가능 여부 등을 표시해 놓으면 필요한 사람들에게 큰 도움이 된다. 이런 것들이 훌륭한 자원봉사 활동이다.

정부의 지진 대비

지진 발생 당시 인구 150만의 고베 지진피해를 살펴볼 때 인구1천만이 넘는 서울의 지진 대비는 간단한 문제가 아니다.

이미 관동대지진을 경험하고 코고 작은 많은 지진을 겪은 일본이지만 고베지진을 교훈삼아 인구 1,300만의 도쿄는 더욱 긴장하여 지진에 대비하고 있다.

도쿄에는 비상 대기조가 항상 배치되어 있고 그들은 지진에 신속하게 대응하도록 철저한 훈련과 충분한 장비를 갖추고 있다. 또 시민들에게는 지진체험관에서 일차 파동(P파)부터 이차파동(S파)까지 경험하게 하여, 지진의 느낌을 체험함으로써 공포심을 없애도록 훈련하고 있다.

또한 지진은 국가경제에 큰 영향을 미치므로 정부의 철저한 대비가 필요하다. 실제로 고베 지진에서 200개 이상의 부두가 3개만 남고 모두 파손되어 산업전반에 영향을 미쳤고 미국의 컴퓨터 산업과 항공 산업에도 큰 지장을 초래하였다. 그러나 한국전쟁에서 일본이 부흥되었듯 인근국가들이 반사적으로 덕을 보기도 하였다.

지진의 발생은 우리가 막을 수 없으나 대규모의 인명피해와 재산손실은 인간의 노력으로 많은 부분 피할 수 있음은 그동안의 지진피해와 복구과정에서 밝혀졌다. 우리나라와 같이 지진에 대하여 대비가 취약한 경우는 정부의 역할은 무엇보다도 중요하다. 이런 관점에서 정부가 지진대비에서 고려해야 할 사항을 몇 가지 언급한다.

1. 전국 또는 지역에 걸친 정보수집 시스템 구축과 조기경보

우리나라는 최근 지진 등의 천재지변에 대한 감시체제를 강화하고 있다. 기상청에서는 지진 발생 시 신속하게 대처하기 위해 국민에게 통보하는 시간을 일본이나 미국처럼 최대한 단축시키기 위한 노력을 하고 있다. 국민에게 지진발생을 빨리 알릴수록 생존 가능성을 높일 수 있기 때문이다. 행정안전부는 재난안전 포털을 통해 시스템을 강화하고 있다.

각 자치구나 광역시 단위는 지진감지기로 감시체제를 확립하고 있다. 그렇지만 인공위성과의 협조체제도 구축하여 지진피해상황이나 복구작업에 도움이 되도록 더 감시체제를 강화시켜야 한다. 특히 현대의 총아인 휴대폰(cellular phone)과 인터넷을 이용해 피해지역의 정보가 신속히 수집되도록 하고 신속하게 복구할 수 있도록 체제를 확립하여야 한다.

2. 군부대 건물의 내진 설계

장병들의 피해는 국방 지휘체계와 전력에 심각한 위협이 될 것이다. 특히 군 장교들의 관사가 붕괴될 때는 지휘체제가 무너져 큰 타격을 입게 될 것이다. 또한 막사가 취약할 때는 장병들의 희생과 전투장비의 매몰로 인해 전투력의 상실을 초래할 위험이 있다. 국방예산으로 예산을 편성하여 지진을 대비한 보강작업이 제대로 되어 있는지 살펴보고 취약한 곳은 보강한다.

3. 재난 감시 및 통제 시스템의 일원화

재난 시에는 무엇보다도 정보의 집중화와 일사불란한 지휘체제가 필요하다. 그러나 우리의 현실은 천재와 인재에 따른 대응부서가 다르고 통제부서가 나뉘어 있어 기능이 매우 취약하여 일원화가 시급하다.

미국의 연방재해관리청(Federal Emergency Management Agency)과 같이 통합조정에서부터 기상재해, 지진, 대형 산불 등의 모든 재난에 대한 감시, 대응, 복구, 통제, 대비를 총괄하는 기구를 설립해야 한다. 영화 볼케이노에서 나오는 미국 캘리포니아의 EOC와 같은 감시 및 대응기능을 가진 센터를 세워야 한다.

이를 위해서는 1970년 미국 남가주 일대를 휩쓴 산불 진화과정에서 겪은 많은 문제점을 바탕으로 이루어진 ICS(Incident Command System)를 참고로 우리 실정에 맞는 체제를 갖추면 좋을 것이다.

4. 현장 구조 구급체제의 강화

경주, 포항 지진을 겪었지만 외국의 대지진에 비하면 작은 지진에 불과하고 피해도 미미한 편이기에 아직도 우리는 지진에 대한 경각심이 낮은 편이다.

따라서 대지진을 염두에 둔 구조, 구급을 담당하는 현장기구의 강화가 절실하다. 화재와 구조의 현장을 뛰는 119 소방서의 기능을 강화시켜 훈련된 직원들로 하여금 재난 시 각 지역 기관의 지원인력을 통솔할 수 있도록 법제화하고 구조에 필요한 장비 등을 강력히 지원해 주어야 한다.

5. 신속한 대응 및 대피소 설치

지진이 발생하면 신속한 대응이 필요하며 시민들이 신속하게 대피할 수 있도록 도와야 한다.

이를 위해 행정안전부는 안전디딤돌 앱을 제작하여 전국민이 활용할 수 있도록 돕고 있다.

행정안전부에 따르면 안전디딤돌은 재난발생 시 긴급재난문자를 송출하고, 재난뉴스, 자연·사회재난 발생정보, 국민행동요령, 대피소, 병원위치 등 다양한 재난안전정보를 제공하여 국민안전을 도모('14. 3월 구축)하기 위해 만들어졌다.

6. 지진대비 비상용품의 준비, 홍보 및 모의 훈련

미국이나 일본의 경우 잦은 지진을 대비하여 많은 준비를 하고 있다. 각 도시에는 비상식수와 용수 그리고 복구용 방재기구, 일용품, 비상식 등을 치밀하게 준비하고 있다. 그러나 국가가 지진의 모든 대비를 할 수는 없다. 가장 좋은 방법은 홍보를 통하여 국민 스스로 준비할 수 있도록 해야 한다. 건물을 점검하고 집안을 지진대비형으로 바꾸고 지진 발생 시 대처방법 등을 알려주어야 한다.

우리나라에 닥쳐올 지진의 비극을 최소화할 수 있도록 비상대비용품을 준비해야 한다. 이런 준비는 국가적 차원에서 입법과 지원으로 각 자치단체가 준비하도록 하여야 한다. 각 자치단체가 큰 창고를 만들고 재난 발생 시 필요한 비상대비용품을 준비할 수 있도록 지원해 주어야 한다.

또한 국민에게 지진이 얼마나 가공할만한 존재인지를 홍보하고 각 가정에서 스스로 준비할 수 있도록 시급성과 방법을 홍보하고 가상시나리오로 지진 발생 시 치안유지, 지진복구 대책 및 지진대비 훈련을 전국적으로 시행해야 한다.

7. 내진설계 강화 및 기존 건축물 진단 실시

지금까지 발생된 지진의 기록을 보면 같은 지진이라도 건물에 내진 설계가 반영된 선진국의 경우 그 피해가 적고, 살기 어려운 후진국일수록 그 피해는 엄청나게 커진다.

과거 우리나라의 건물은 전혀 지진을 고려하지 않았으나 정부는 1988년 8월부터 6층 이상, 연면적 10,000㎡ 이상의 건축물에 내진설계가 반영되었다. 건축법에 내진설계를 반영한 후, 국내지진발생빈도가 잦아짐에 따라 발 빠르게 건축법에 내진설계를 강화시켜 나갔다.

새로 개정된 건축법에는 층수나 연면적이 상관없이 모든 단독 주택과 공동주택은 내진설계를 하도록 되어 있다.

1998년 6층 이상 10만m² 제곱미터 이상
1995년 6층 이상 1만 제곱미터 이상
2005년 3층 이상 1천 제곱미터 이상
2015년 3층 이상 5백 제곱미터 이상
2017년 2월 2층 이상 5백 제곱미터 이상
2017년 12월 2층 이상 200제곱미터 이상 그리고 모든 신축 주택
2018년 7월 소규모주택 구조기준 마련(목구조)

건축된 지 오래되어 노후 된 기존 건축물의 진단은 국민들이 부담하기에는 너무 큰 비용이 소요되므로 국가가 전담반을 구성하여 국민에게 부담을 주지 않고 거국적 차원에서 진단해 나가야 한다.

이와 함께 건물을 보강하는 방법을 계도하고 필요한 경우 재건축을 강력하게 추진해나가야 한다. 고속도로나 철도의 안전을 과신해서는 안 된다. 산업시설의 파괴는 국가경제에 큰 타격을 주게 되므로 모든 분야에 걸쳐 전반적인 진단을 해야 한다.

8. 지진 대비교육

지진이 발생하면 시민들의 원망은 정부를 향해 쏟아질 수밖에 없다.
피해를 최소화하는 방법은 철저한 교육으로 국민 스스로 지진에 대비하도록 해야 한다.

9. 냉정한 질서의식 배양

고베 지진의 특성은 참혹한 파괴에도 불구하고 시민들이 냉정을 잃지 않고 질서를 유지했다는 것이다. 참혹한 현장에서 약탈과 폭동은 사회기능의 정상화에 큰 걸림돌이 된다.

이런 관점에서 재난 시 발동되는 특별법 제정도 고려해 봄직하다. 그러나 무엇보다도 시민들이 스스로 질서의식을 갖도록 평소 노력해야 한다.

지진을 극복하기 위한 세계의 노력들

지진은 인간의 노력에 의해 그 피해를 최소화 시킬 수 있으며 수많은 지진의 경험 속에 많은 결실을 맺어가고 있다. 지진의 특성 연구와 함께 인류가 노력하는 대안들을 지진자료들을 통해 살펴본다.

지진은 파동이며 P파와 S파의 차이는 지진학자들에게 매우 중요한 요소가 되고 있다. P파는 일차적 파동으로 빠르게 이동하며 사람들은 수평적 요동을 느끼게 되며 파괴력이 없다. S파는 P파 후에 수반되는 수직적 요동을 유발하는 지진파로서 파괴력이 있으며 조금 느리게 움직인다. 파괴력이 없는 P파동을 감지하고 재빨리 지진파보다 빠른 라디오파를 통해 지진의 피해가 발생하기 전에 지진 발생을 예고하여 피해를 줄일 수 있다.

P파동 감지를 기초로 한 조기 경보시스템은 이미 실용단계로 접어들었다. 고베지진의 경우 신간선 철도와 선로가 피해를 입었는데 만일 기차가 운행을 하였다면 파손된 선로에서 탈선하여 승객들의 희생이 컸을 것이다. 일본 철도청은 고속철도의 일정거리마다 지진계를 설치하여 네트워크를 구축함으로써 대지진으로 발생한 최초의 충격파인 P파동이 감지되자마자 모든 신간선 고속열차의 운행을 중단시켜 많은 생명을 구할 수 있도록 하였고 상대적으로 느린 열차는 S파가 닥칠 때 운행을 정지하도록 시스템을 완비하였다.

이런 경보시스템은1989년 오클랜드의 니미츠 고속도로가 로마 프리에타 지진으로 파손되었을 때도 인명을 구했다. 예상되는 후속 파동을 모니터링 하던 지진학자들은 구조대원들에게 강도 5의 지진이 강타할 때 까지는 25초의 여유가 있음을 알려주어 구조대원들이 안전하게 부서진 고속도로에서 벗어날 수 있었다.

자동차의 에어백에 사용되는 작고 값싼 칩은 대지진에 감응하기 때문에 여러모로 유용하게 쓰인다. 노스리지와 고베는 가스배관의 화재가 많았는데 도쿄 가스공사는 값싼 칩을 활용하여 자체 지진계 네트워크를 구축하여 전역에 설치하였다. 기술자들이 가스배관이 묻혀 있는 토양의 조건을 알고 있는 상황에서 S파동이 지진계에 잡히면 재빨리 어떤 파이프라인에 피해를 입었는지 알아내고, 재빨리 다른 지역으로부터 유입되는 가스를 차단시켜 불길이 번지지 않도록 하고 있다. 그러나 여전히 각 가정의 가스 유입관은 보호받기 어렵기 때문에 도쿄의 각 가정은 새로운 지능형 가스 계측기를 지급받아 지진이 일정 강도 이상이면 자동으로 가스를 차단하여 화재를 방지할 수 있도록 하였다고 한다.

긴급구조 활동에는 신속한 정보와 대응속도가 관건인데 노스리지 지진에서는 지진에 대한 정보가 부족하여 구조 활동이 이루어져야 할 곳을 제대로 하지 못했다. 급히 구조해야 할 사람들이 구조를 받지 못하고 희생된 것이다. 서울의 경우는 어떨까? 신속한 정보망이 구축되어 있을까? 지진발생이 많은 나라에서 겪었던 문제점들을 파악하여 충분히 대비하고 있을까 아니면 시행착오를 거듭 겪어야 할까?

지진대비 컴퓨터시스템은 지속적으로 지진관련 자료를 수집하여 컴퓨터에 입력된 기존지도를 경신하고 도로, 가스 파이프라인, 가옥, 인구밀도 등이 입력되어 있어 이 시스템은 지진의 피해상황을 순식간에 열려준다. 이러한 정보는 조사팀이나 구조대가 컴퓨터를 이용해 현장에서도 볼 수 있도록 하고 어떤 도로가 소통되며, 어떤 빌딩이 붕괴 위험에 있는지를 판단하고 현장 사진을 공중에서 볼 수 있게 해 준다.

인류의 지진대비 노력은 앞으로 어떤 형태로 지진에 대비할 수 있을까?

지진경험을 통해 확보한 많은 지식은 아마도 전쟁이나 우주비행을 방불케 할지도 모른다. 대지진의 전주곡인 P파가 기록되면 즉각적으로 지진의 규모, 위치, 방향이 5초 이내에 계산되고, 조기경보가 라디오와 TV, 휴대전화나 사이렌을 통하여 발령되어 대피할 수 있는 시간을 확보하게 해주고, 각급 기관들이 비상대비태세를 갖출 여유도 가질 수 있을 것이다. 이어 S파동이 닥치게 되더라도, 비상구조대에 비상이 걸리고 그들은 어디로 어떻게 가야할지 정확히 알고 있어 신속한 대응이 이루어질 것이다. 상황실에는 훈련받은 요원이 배치되고 정보의 교환이 이루어지기 시작한다. 가스와 전기는 차단되어 연속화재를 막고 모든 기차의 운행은 중지되며 위험한 요인들이 점검되기 시작한다. 내진설계에 충실한 고속도로와 빌딩들은 건재하고, 오래된 가옥 일부가 무너지고 화재가 발생하게 되나 구조팀의 신속한 대응으로 구조를 받는다. 신속한 정보가 많은 생명을 구하게 될 것이다.

앞의 시나리오와는 달리 선진국도 지진대비시스템이 아직 완전히 자리잡지 못하였다.

지금까지 많은 희생자를 낸 큰 지진들의 재난은 언제 어디서라도 재발할 수 있다 그러나 인류의 노력은 지진의 피해를 최소화할 수 있다. 그것은 오로지 지진의 사전대비 밖에 없다.

꼭, 기억하세요!

1. 물건을 옮기거나 고정시켜 실내의 위험을 줄인다.
2. 비상품을 준비한다.
3. 응급처치법을 배운다.
4. 가정이나 직장에서 비상대책안을 세운다.

고베 대지진의 5대 교훈과 제안

안전을 과신하지 말라

제안 우리 집의 내진성을 점검하자

자기 집이 붕괴된다는 것은 누구나 상상하고 싶지 않다. 그러나 고베 대지진에서는 약 21만 채의 주택이 붕괴되고 불에 탔다. 건축 관계자의 조사에 의하면 낡은 집일수록 파손이 심했고 일본의 경우 1981년의 건축기준법시행령 개정 전에 지어진 집의 피해가 크다는 사실을 알았다. 노후화된 목조건물, 아파트, 빌딩은 방심할 수 없다. 우리나라는 1988년 건축법 개정으로 내진설계를 법제화하였다. 국내에서 여러 차례 지진을 실제로 겪으면서 2017년 12월에는 2층, 200제곱미터 이상 건축물에 내진설계를 하도록 강화되었다. 하지만 빨리 내 집의 안전도를 점검하여 문제가 있으면 수리나 보강을 해야 한다.

피할 수 있는 공간을 확보하라

제안 집안에 안전한 공간을 확보하라

지진이 발생했을 때 최초 몇 분간의 행동이 생사의 갈림길이 될 수 있다. 지진을 느끼면 우선 안전한 장소에서 몸을 보호하는 것이 최우선이다. 고베 대지진에서는 "어디로 피해야 좋을지 몰랐다"라고 많은 사람이 말했다고 한다. 평소, 가구나 생활용품들의 재배치로 피할 수 있는 안전한 공간을 확보해야 한다. 방이 좁을 때나 방이 적을 때는, 많이 쓰지 않는 가구를 과감히 정리하는 것이 좋다.

넘어지는 가구나 떨어지는 물건을 막아라

제안 가구나 전기제품은 단단히 고정시키거나 안전한 곳에 두라

대지진이 발생하면 의외로 넘어진 장 밑에 깔리거나 떨어진 조명기구의 유리 조각 등으로 상처를 입는 사람들이 많다.
"집안에 세워둔 물건은 모두 넘어졌다."
"깨진 유리가 비 오듯 쏟아졌다"라는 증언도 있다. 특히 위험한 것은 폭이 좁고 긴 가구이다. 전기제품은 단단하게 고정하거나 안전한 곳에 배치하여 넘어지는 것을 막아야 한다. 또 조명기구나 장 위의 물건은 체인이나 끈으로 고정하여 떨어지는 것을 방지해야 한다. 지진경험이 없는 우리나라의 가정은 특히 이에 대한 대비가 전혀 없다고 해도 과언이 아니다. 만약 지진이 발생하면 집안의 물건들이 집안을 아수라장으로 만들 것이며 많은 생활용품들이 파손되어 엄청난 재산의 피해를 가져올 것은 불을 보듯 뻔하다.

이웃 사람들과 가깝게 사귀라

제안 지역방재활동을 중요하게 여기라

"집이 무너져 끼여 있는 가족을 이웃사람들이 구조하였다."
"사람들이 함께 물통을 날라 불길이 번지는 것을 막았다."
고베 대지진에서는 이러한 지역 사람들의 방재활동이 피해의 확대를 방지하여 큰 효과를 거두었다고 보고되었다. 재해 시에 가장 의지할 수 있는 사람은 가족과 이웃이다. 지역 커뮤니케이션을 더욱 중시하고 평상시부터 자율방재활동 등에 적극적으로 참가하도록 하자. 큰 지진에서는 노인들의 희생이 크다. 재해에 약한 사람들(노인, 갓난아이나 어린아이, 심신장애인, 환자, 외국인 등)에게 도움을 줄 수 있는 자원봉사자의 역할을 해야 한다. 이웃을 모르는 세대는 그만큼 엄청난 피해를 당할 수밖에 없다.

평상시 지진 대비를 충분히 한다

제안 가정과 직장에 지진배낭을 항상 준비하라

대지진이 발생하면 전기, 가스, 수도, 전화 등의 라이프라인이 끊어져 대피 생활을 불편하게 할 수도 있다. 그럴 때를 대비하여 평상시부터 가정이나 직장에 비상용품을 준비하여 두라.
지진이 발생했을 때 사용할 비상용품을 준비하고 비상식, 물 등은 적어도 7-15일을 버틸 수 있도록 1차, 2차용품으로 준비하고 지진이 발생하면 즉각 들고 나올 수 있도록 미리 배낭에 넣어 두도록 하라.

제 4 장

구조 및 구급

지진! 당신은 무언가를 해야 합니다.
지진 전, 지진 중, 지진 후에 무엇을 할 것인지를 알면 살 수 있습니다.
Earthquake! Do Something!
You and Your Family can Survive an Earthquake by Knowing
What to do before, during, after.

이 부분은 일본 동경소방청이 오랜 지진 경험을 바탕으로 구조 구급요령에 대하여 기술한 것이다. 우리의 실정을 감안하여 번역 사용을 요청하였던 바 이를 승인해준 동경소방청에 깊은 감사를 드린다.

(1998년 12월 17일)

목차

❋ 구조와 구급의 기본
 1. 무너진 블록 담에서의 구조
 2. 자동판매기 등 중량물에서의 구조
 3. 옷장, 책장 등 넘어진 가구에서의 구조
 4. 건물의 파쇄요령 1(지붕의 파쇄)
 5. 건물의 파쇄요령 2(시멘트벽과 마룻바닥의 파쇄)
 6. 무너진 건물에서의 구조 1(기둥에 끼어 있을 때)
 7. 무너진 건물에서의 구조 2(속에 갇혔을 때)
 8. 끼어 있는 상태에서의 구조
 9. 흙더미(土砂)에서의 구조
10. 차 안에 갇힌 사람의 구조
11. 차 밑에 깔린 사람의 구조
12. 높은 곳에 있는 사람의 구조
13. 창고 내 무너진 자재더미에서의 구조
14. 교통장애물의 제거
15. 문등에 끼어서 움직이지 못하는 사람의 구조
16. 장시간 어둠에 갇혀있던 사람의 구조
17. 사람이 쓰러져 있을 경우
18. 부목과 삼각건을 이용한 골절 고정법
19. 관절을 삐었을 때의 응급처치법
20. 맨손으로 부상자를 옮기는 방법
21. 의자를 이용한 부상자 운반
22. 응급 들것을 이용한 부상자 운반 1
    (담요이용)
23. 응급 들것을 이용한 부상자 운반 2
    (깔개, 돗자리 이용)
❋ 구조·구급 도구 일람표

구조와 구급의 기본

1 넘어진 물건에 끼어 있거나 갇혀 있는 사람을 구조할 때는 가능한 한 주위사람들과 협력한다. 그리고 구조작업을 하는 사람과 끼어 있는 사람의 안전을 서로 확인하면서 작업을 진행한다.

2 붕괴된 건물 안으로 소리를 질러 건물에 갇혀 있는 사람의 응답을 확인한다.

3 붕괴현장부근에서는 언제 어떤 형태로 화재가 발생할지 알 수 없으므로 소화기나 물통 등을 준비한다. 또 붕괴된 건물의 가스밸브를 잠그거나, 전기의 차단기를 내려 전원을 끊는다.

4 위험이 절박한 사람부터 우선 구조하고 구조해야 할 사람이 여럿일 때는 구조하기 쉬운 사람부터 구조한다. 출혈이 많아 생명이 위급할 때는, 구조작업과 병행하여 응급처치를 한다.

5 끼어 있는 사람을 구조할 때는 무리하게 구조하지 말고 장애물을 제거하며 상황을 판단하면서 구조한다.

6 기둥을 절단하거나 제거할 때는 주위가 붕괴되지 않도록 나무토막으로 받치든지, 로프 등으로 잡아매어 고정한다.

7 위험을 일으킬 수 있는 설비들은 가능한 한 기기의 취급에 숙달된 사람이 담당한다.

8 구조된 사람은 빨리 병원으로 옮긴다.

9 구조된 사람의 구조된 시각, 장소 등을 기입한 부상자 카드를 작성한다.

10 부상자에게는 계속 말을 걸어 기운을 차리도록 하는 동시에 안색, 신체의 상태를 주의한다.

1 무너진 블록 담에서의 구조

구조방법과 사용도구

1. 블록 담을 파괴한다
- 해머
- 작은 망치(피아노 조율에 쓰는 작은 망치)
- 도끼
- 쇠 파이프
- 톱
- 정

2. 지레를 이용하여 들어 올린다
- 각목(굵기 10cm 이상)
- 쇠파이프(굵기 5cm 이상)
- 받침목으로 쓸 단단한 각목

3. 도구를 이용하여 들어 올린다
- 자동차 잭(Jack)

4. 철근을 자른다
- 철사가위
- 펜치

구조순서

- 끼어 있는 사람에게 말을 걸어 안심하도록 한다.
- 끼어 있는 사람 수를 확인한다.
- 주위 사람에게 큰 소리로 도움을 청한다.
- 지레를 이용하여 틈새를 만들어 통증을 덜어 준다(아픈 곳을 자극하지 않도록 주의한다).
- 지레의 받침점은 단단하고 안정성이 있는 각목(角材)을 사용한다.
- 블록담의 일부를 부수어 지렛대에 걸리는 무게를 줄인다.
- 들어 올려서 생긴 공간이 붕괴되지 않도록 나무 등으로 보강한다.
- 공간이 생기면 지레 대신 자동차 잭(Jack)을 사용하여 들어 올린다.

주의사항

- 블록담의 일부를 부술 때는 구하려는 사람들의 통증을 자극하지 않도록 주의한다.
- 지레로 사용하는 각목은 굵기 10cm 이상의 균열이 없는 나무를 이용한다.
- 쇠파이프는 현장에 있는 굵기 5cm 이상의 파이프를 사용한다. 단 길이가 너무 긴 것은 휘어지기 쉬우므로 2-3m 정도의 것을 사용한다.
- 들어 올리는 높이는 구조에 필요한 공간만큼 확보하고 붕괴되지 않도록 주의한다.
- 블록은 부서지기 쉬우므로 지레의 받침으로 사용하지 않는다.
- 자동차의 잭(Jack)은 힘이 작용하므로 밑에 합판 등을 대고 작업한다.

2 자동판매기 등 중량물에서의 구조

구조방법과 사용도구

1. 지레를 이용하여 들어올린다
- 각목(굵기 10cm 이상)
- 쇠파이프(굵기 5cm 이상)
- 받침목으로 쓸 단단한 각목

2. 도구를 이용하여 들어 올린다
- 자동차 잭(Jack)

3. 인력으로 들어 올린다
- 여러 사람이 함께 들어 올린다.

구조순서
- 끼어 있는 사람에게 말을 걸어 안심시킨다.
- 주위 사람에게 큰 소리로 도움을 청한다.
- 중량물을 들어 올릴 때는 옆으로 긴 쪽을 들어 올린다.
- 지레를 이용하여 틈새를 만들어 통증을 덜어 준다(아픈 곳을 자극하지 않도록 주의한다).
- 지레의 받침점은 단단하고 안정성이 있는 각목(角材)을 사용한다.
- 들어 올려서 생긴 공간이 붕괴되지 않도록 나무 등으로 보강한다.
- 공간이 생기면 지레 대신 자동차 잭(Jack)을 사용하여 들어 올린다.

주의사항
- 끼어 있는 사람의 통증을 자극하지 않도록 주의한다.
- 지레로 사용하는 각목은 굵기 10cm 이상의 균열이 없는 나무를 이용한다.
- 쇠파이프는 현장에 있는 굵기 5cm 이상의 파이프를 사용한다. 단 길이가 너무 긴 것은 휘어지기 쉬우므로 2-3m 정도의 것을 사용한다.
- 들어 올리는 높이는 구조에 필요한 공간만큼 확보하고 붕괴되지 않도록 주의한다.
- 블록은 부서지기 쉬우므로 지레의 받침점으로 사용하지 않는다.

3 옷장, 책장 등 넘어진 가구에서의 구조

구조방법과 사용도구

1. 넘어진 물건을 부순다
- 해머
- 도끼
- 톱
- 큰 빠루

2. 지레를 이용하여 들어 올린다
- 각목(굵기 10cm 이상)
- 쇠파이프(굵기 5cm 이상)
- 받침목으로 쓸 단단한 각목

3. 도구를 이용하여 들어 올린다
자동차 잭(Jack)

구조순서
- 끼어 있는 사람에게 말을 걸어 안심시킨다.
- 주위 사람에게 큰 소리로 도움을 청한다.
- 위에 쌓여 있는 물건들은 될 수 있는 대로 제거한다.
- 지레를 이용하여 틈새를 만들어 통증을 덜어 준다(아픈 곳을 자극하지 않도록 주의한다).
- 지레의 받침점은 단단하고 안정성이 있는 각목(角材)을 사용한다.
- 옷장 등의 일부를 부수던지 안에 있는 물건을 꺼내거나 또는 톱으로 잘라 중량을 가볍게 하여 통증을 덜어준다.
- 들어 올려서 생긴 공간이 붕괴되지 않도록 나무 등으로 보강한다.
- 공간이 생기면 지레 대신 자동차 잭(Jack)을 사용하여 들어 올린다.

주의사항
- 사물함 등의 일부를 부술 때에는 부상자의 아픈 곳을 자극하지 않도록 주의한다.
- 지레로 사용하는 각목은 굵기 10cm 이상의 균열이 없는 나무를 이용한다.
- 쇠파이프는 현장에 있는 굵기 5cm 이상의 파이프를 사용한다. 단 길이가 너무 긴 것은 휘어지기 쉬우므로 2-3m 정도의 것을 사용한다.
- 들어 올리는 높이는 구조에 필요한 공간만큼 확보하고 붕괴되지 않도록 주의한다.

4 건물의 파쇄요령 1: 지붕의 파쇄

구조방법과 사용도구

1. 기와지붕을 부순다
- 해머
- 도끼
- 톱
- 큰 빠루

2. 슬레이트 지붕을 부순다
- 해머
- 도끼
- 톱

구조순서

1. 기와지붕을 부순다
- 큰 빠루나 도끼로 기와를 잡아 제낀다.
- 도끼를 사용하여 서까래를 따라 절단하든지 톱으로 자른다.

2. 슬레이트 지붕을 부순다
- 도끼의 등부분으로 두드려 쪼개서 제거한다.
- 도끼를 사용하여 서까래를 따라 절단하든지 톱으로 절단한다.

주의사항

- 구조하는 사람이 굴러 떨어지는 것을 막기 위해 강도를 확인하면서 작업한다.
- 지붕의 기와를 제거할 때는 밑에 있는 사람에게 기와가 떨어지지 않도록 주의한다.
- 함석판을 제거할 때는 손을 베일 염려가 있으므로 도구를 사용하여 제거한다.
- 갇혀있는 사람의 근처를 부술 때는 내부를 확인하면서 신중히 작업한다.

5
건물의 파쇄요령 2:
시멘트 벽과 마룻바닥의 파쇄

구조방법과 사용도구

1. 벽을 부순다
- 해머
- 도끼
- 톱
- 큰 빠루
- 철선가위
- 펜치

2. 마룻바닥을 부순다
- 도끼
- 톱

구조순서

1. 시멘트벽을 부순다
- 해머 등으로 시멘트를 부수고 철망이 있으면 절단기 또는 펜치로 절단한다.

2. 마룻바닥을 부순다
- 마룻바닥은 실내의 가구를 밖으로 내놓은 다음 카펫을 들어내고 바닥을 빠루로 뜯어내던가 톱으로 절단한다.

주의사항
- 가스 절단기를 사용할 때는 바닥이 불연 재료일 때만 사용한다.
- 작업 중에는 시멘트의 파편이 튀므로 안경을 쓴다.
- 벽돌집, 블록 집은 일부의 파괴로 다른 부분까지 붕괴되기 쉽기 때문에 작업을 하는 사람 외에는 근처에 가까이 가지 않도록 한다.
- 타일은 콘크리트에 붙인 것이라서 파편이 튀므로 주의해야 한다.

6 무너진 건물에서의 구조 1: 기둥에 끼어 있을 때

구조방법과 사용도구

1. 장애물을 제거한다
- 해머
- 도끼
- 톱
- 작은 삽

2. 지레를 이용하여 들어 올린다
- 각목(굵기 10cm 이상)
- 쇠파이프(굵기 5cm 이상)
- 받침목으로 쓸 단단한 각목

3. 도구를 이용하여 들어 올린다
- 자동차의 잭(Jack)

구조순서

- 끼어 있는 사람에게 말을 걸어 안심시킨다.
- 끼어 있는 사람 수를 확인한다.
- 지레를 이용하여 틈새를 만들어 통증을 덜어 준다(아픈 곳을 자극하지 않도록 주의한다).
- 지레의 받침점은 단단하고 안정성이 있는 각목(角材)을 사용한다.
- 들어 올려서 생긴 공간이 붕괴되지 않도록 나무 등으로 보강한다.
- 공간이 생기면 지레 대신 자동차 잭(Jack)을 사용하여 들어올린다.

주의사항

- 지레로 사용하는 각목은 굵기 10cm 이상의 균열이 없는 나무를 이용한다.
- 쇠파이프는 현장에 있는 굵기 5cm 이상의 파이프를 사용한다. 단 길이가 너무 긴 것은 휘어지기 쉬우므로 2~3m 정도의 것을 사용한다.
- 들어 올리는 높이는 구조에 필요한 공간만큼 확보하고 붕괴되지 않도록 주의한다.

제4장 구조 및 구급

7 무너진 건물에서의 구조 2: 속에 갇혀 있을 때

구조방법과 사용도구

1. 벽과 지붕을 부순다
- 해머
- 도끼
- 톱
- 작은 삽

2. 지레를 이용하여 들어 올린다
- 각목(굵기 10cm 이상)
- 쇠파이프(굵기 5cm 이상)
- 받침목으로 쓸 단단한 각목

3. 도구를 이용하여 들어 올린다
- 자동차 잭(Jack)

구조순서

- 갇혀 있는 사람에게 큰 소리를 질러 안심시킨다.
- 갇혀 있는 사람 수를 확인한다.
- 여진으로 공간이 붕괴되지 않도록 각목 등으로 보강한다.
- 갇혀 있는 사람이 다치지 않도록 작업하기 쉬운 부분을 부순다.

주의사항

- 보강에 사용되는 각목은 굵기 10cm 이상의 균열이 없는 나무를 이용한다.
- 들어 올리는 높이는 구조에 필요한 공간만큼 확보하고 붕괴되지 않도록 주의한다.
- 기둥 절단으로 인한 붕괴에 주의한다.

8 끼어 있는 상태에서의 구조

구조방법과 사용도구

1. 장애물을 제거 및 이동시킨다
- 해머
- 도끼
- 톱
- 소형 삽

2. 지레를 이용하여 들어 올린다
- 각목(굵기 10cm 이상)
- 쇠파이프(굵기 5cm 이상)
- 받침목으로 쓸 단단한 각목

3. 도구를 이용하여 들어 올린다
- 자동차 잭(Jack)

구조순서
- 끼어 있는 사람에게 말을 걸어 안심시킨다.
- 끼어 있는 사람 수를 확인한다.
- 지레를 이용하여 틈새를 만들어 통증을 덜어 준다(아픈 곳을 자극하지 않도록 주의한다).
- 지레의 받침점은 단단하고 안정성이 있는 각목(角材)을 사용한다.
- 들어 올려서 생긴 공간이 붕괴되지 않도록 나무 등으로 보강한다.
- 공간이 생기면 지레 대신 자동차 잭(Jack)을 사용하여 들어 올린다.

주의사항
- 지레로 사용하는 각목은 굵기 10cm 이상의 균열이 없는 나무를 이용한다.
- 쇠파이프는 현장에 있는 굵기 5cm 이상의 파이프를 사용한다. 단 길이가 너무 긴 것은 휘어지기 쉬우므로 2-3m정도의 것을 사용한다.
- 들어 올리는 높이는 구조에 필요한 공간만큼 확보하고 붕괴되지 않도록 한다.

9 흙더미에서의 구조

구조방법과 사용도구

1. 토사(土砂)를 제거한다
- 소형삽
- 물통
- 홑이불
- 모포
- 로프

2. 지레를 이용하여 들어 올린다
- 각목(굵기 10cm 이상)
- 쇠파이프(굵기 5cm 이상)
- 받침목으로 쓸 단단한 각목

구조순서
- 생존자에게 말을 걸어 안심시킨다.
- 주위 사람에게 큰 소리로 도움을 청한다.
- 매몰된 인원을 확인 한다
- 토사를 퍼내는 일과 운반은 팀으로 나누어 작업한다.

- 기와 조각과 자갈 이외의 물건들을 치운다.
- 옷장, 서랍 등으로 모래를 운반한다, 또 양동이 모포 등도 활용한다.
- 토사로 나무가 넘어져 도로가 막혔을 때에는 승용차와 로프를 이용하여 치운다.
- 처음단계부터 중장비를 요청한다.

주의사항
- 작업 감시자를 두고 여진이나 토사붕괴에 주의하면서 작업을 한다.
- 작업 중에 삐걱거리는 소리가 날 때는, 붕괴 위험이 있으므로 일단 피해야 한다.
- 토사붕괴의 범위가 넓어지지 않도록, 마음대로 기둥을 뽑아내서는 안 된다.
- 작업이 오래 걸리므로 교대하면서 작업을 계속한다.
- 부상자 주위에서 소형 삽 등을 사용할 때에는 통증을 주지 않도록 세심한 주의를 기울여야 한다.

10 차안에 갇힌 사람의 구조

구조방법과 사용도구

1. 창유리를 부순다
- 해머
- 도끼
- 큰 빠루

2. 문을 강제로 연다
- 해머
- 큰 빠루
- 철선(鐵線)절단 가위

구조순서

- 차의 문이 변형되어 열리지 않을 때는 창유리를 빠루로 부순다.
- 깨진 창유리의 파편을 털고 나서 부상자를 살피고 무리하지 않게 밖으로 구해낸다.
- 문이 약간 변형되었을 때는 빠루 등으로 비틀어 연다.
- 문이 열리면 좌석을 뒤로 밀거나 등받이를 뒤로 젖혀 구해낼 수 있는 공간을 확보한다.
- 소화기를 준비하여 화재발생에 대비한다.

주의사항

- 유리를 깰 때는 차안에 끼어있는 사람에게 얼굴을 팔 등으로 가리게 하거나 옷 등으로 덮어서 다치지 않도록 주의한다.
- 차 앞 유리는 깨기 어려우므로 옆 유리나 뒤 유리를 깨도록 한다.
- 현장을 통과하는 차량에 주의하고 필요한 경우 교통정리도 한다.
- 부순 유리 파편과 부서진 차체의 절단된 면에 스쳐서 다치지 않도록 한다.
- 길 위에 기름이 흘러있을 때는 미끄러져 넘어지지 않도록 하고, 또 화재가 발생하지 않도록 주의한다.

11 차 밑에 깔린 사람의 구조

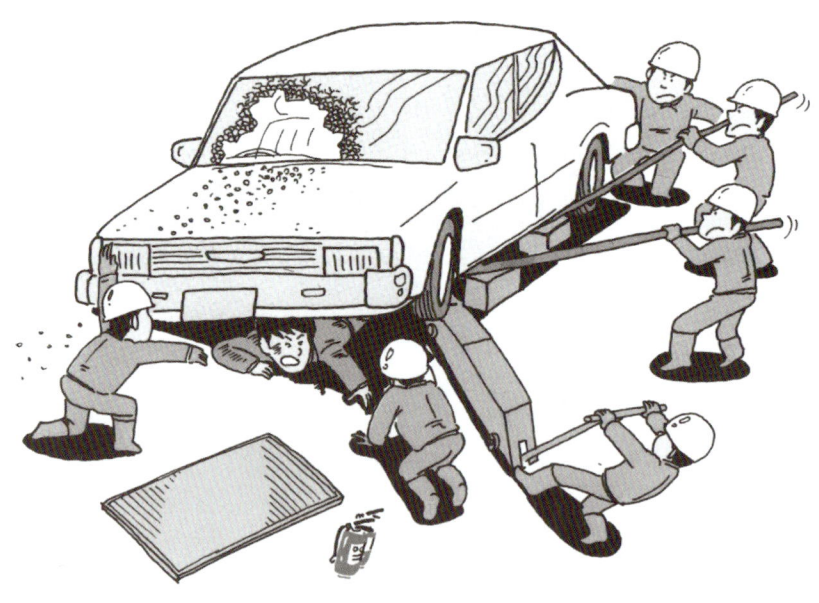

구조방법과 사용도구

1. 잭(Jack)을 사용하여 차를 들어 올린다
- 자동차 잭(Jack)
- 자동차 정비공장의 대형 잭(Jack)

2. 지레를 이용하여 들어 올린다
- 각목(굵기 10cm 이상)
- 쇠파이프(굵기 5cm 이상)
- 받침목으로 쓸 단단한 각목

구조순서

- 끼어 있는 사람에게 말을 걸어 안심시킨다.
- 지레를 이용하여 틈새를 만들어 통증을 덜어 준다(아픈 곳을 자극하지 않도록 주의한다).
- 지레의 받침점은 단단하고 안정성이 있는 각목(角材)을 사용한다.
- 차량을 들어 올려 만들어진 틈이 무너지지 않도록 나무 등으로 보강한다.
- 필요한 경우 주차브레이크로 차를 움직이지 않도록 한다.
- 공간이 생기면 지레 대신 자동차 잭(Jack)을 사용하여 들어 올린다.

주의사항

- 지레로 사용하는 각목은 굵기 10cm 이상의 균열이 없는 나무를 이용한다.
- 쇠파이프는 현장에 있는 굵기 5cm 이상의 파이프를 사용한다. 단 너무 길이가 긴 것은 휘어지기 쉬우므로 2~3m 정도의 것을 사용한다.
- 들어 올리는 높이는 구조에 필요한 공간만큼 확보하고 붕괴되지 않도록 주의한다.

12 높은 곳에 있는 사람의 구조

구조방법과 사용도구

1. 사다리를 사용하여 구조한다
- 사다리
- 로프

구조순서

1. 높은 곳에서 구조해야 할 사람이 보행 가능한 경우의 구조
- 사다리를 적당한 곳에 걸치고 사다리의 양쪽을 두 사람이 붙잡아 흔들리지 않도록 한다.
- 고령자일 때는 구조대가 위에 올라가 상대의 허리에 로프를 묶고 노인이 내려가는 속도에 맞추어 조금씩 풀어주어 떨어지지 않도록 주의한다.

2. 높은 곳에서 구조해야 할 사람이 다쳐서 보행이 힘든 경우의 구조(업어서 구조)
- 부상자를 될 수 있는 대로 등에 높이 업고 로프를 부상자의 양쪽 겨드랑이 밑으로 넣어 운반하는 사람의 어깨를 통해 가슴 앞에서 교차시킨 후 그 로프를 각각 좌우의 바깥쪽으로 돌려 앞에서 잡아맨다.

주의사항
- 사다리를 걸치는 위치는 좌우가 경사지지 않은 장소를 선택한다.
- 사다리를 걸치는 각도는 대강 75도로 한다.
- 사다리를 오르내릴 때는 사다리 옆을 단단히 잡는다.

13 창고 내 무너진 자재더미에서의 구조

구조방법과 사용도구

1. 물건을 제거하고 이동시킨다
- 톱
- 해머

2. 지레를 이용하여 들어 올린다
- 각목(굵기 10cm 이상)
- 쇠파이프(굵기 5cm 이상)
- 받침목으로 쓸 단단한 각목

3. 도구(道具)로 들어올린다
- 자동차 잭(Jack)

4. 시설내의 차량을 활용한다
- 지게차(Forklift)
- 크레인 차량

구조순서

- 무너진 자재들이 흩어져 작업하기에 불편하므로 자재를 가능한 한 치운다.
- 치우는데 장애가 되는 선반 등은 톱으로 절단하여 치운다.
- 큰 물건일 때는 지레의 원리를 이용하여 틈새를 만든다.
- 들어 올려서 생긴 공간이 붕괴되지 않도록 나무 등으로 보강한다.
- 붕괴된 규모에 따라 짐을 운반할 운반통로, 운반 장소를 정한다.
- 갇혀있는 사람이 안 보일 때는 이름을 불러 대답이나, 신음소리, 주위의 사소한 움직임을 관찰한다.

주의사항

- 무너진 물건을 치울 때는 짐이 또 무너지지 않도록 주의한다.
- 자재를 제거할 때는 가능한 한 구조현장에서 먼 장소로 옮긴다.
- 현장에서 사용하는 지게차나 크레인 차량들을 활용한다.

14 교통장애물의 제거

구조방법과 사용도구

1. 차를 이용하여 제거한다
- 승용차 등
- 로프
- 톱
- 도끼

2. 작게 잘라 제거한다
- 톱
- 도끼

주의사항

- 견인 중에 로프가 끊어지면 끊어진 로프가 튀어서 다칠 염려가 있으므로 주의한다.
- 로프는 꼬이지 않도록 주의한다.
- 급하게 당기지 말고 천천히 자동차를 운전한다.

제거순서

- 구조현장으로 출동하는데 장애가 되는 넘어진 나무는 자동차와 로프로 견인하여 제거한다.
- 로프는 차량의 견인용 후크에 걸어서 사용한다.
- 나무가 클 때는 가지를 토막 내어 잘라낸다
- 로프로 묶기 쉽도록 가지를 친다.

15
문 등에 끼어서 움직이지 못하는 사람의 구조

구조방법과 사용도구

1. 문을 부순다
- 큰 빠루
- 톱
- 도끼

구조순서

- 끼어 있는 장소, 끼인 상태 등을 잘 확인한다.
- 상황에 따라서는 끼어 있는 사람이 몸을 움직여 더 어려워질 수도 있으므로 주의한다.
- 끼어 있는 부분의 틈새를 큰 빠루 등으로 넓힌다.
- 빠루 등으로 넓혀진 틈새에 쐐기를 넣으면서 서서히 더 넓힌다.

주의사항

- 생명의 위험은 비교적 적지만 끼어 있는 사람은 의식이 뚜렷하기 때문에 고통을 호소할 수 있다.
- 무리하게 잡아당기면 부상부위가 악화될 위험이 있으므로 주의할 필요가 있다.
- 나무문등 설치구조가 간단한 것은 떼어 내어 구조하는 것도 고려해볼 필요가 있다.

16 장시간 어둠에 갇혀있던 사람의 구조

구조순서

- 생존자에게 말을 걸어 안심시킨다.
- 주위 사람에게 큰 소리로 도움을 청한다.
- 밖으로 구조할 때는 태양광선이나 빛이 직접 닿지 않도록 수건이나 헝겊 등으로 눈을 가려 보호한다.

주의사항

- 장시간 암흑 속에 갇혀 있었던 사람을 구조하였을 때는 태양광선이나 밝은 빛이 직접 눈에 닿지 않도록 하여 시각장애를 일으킬 위험을 막아야 한다.

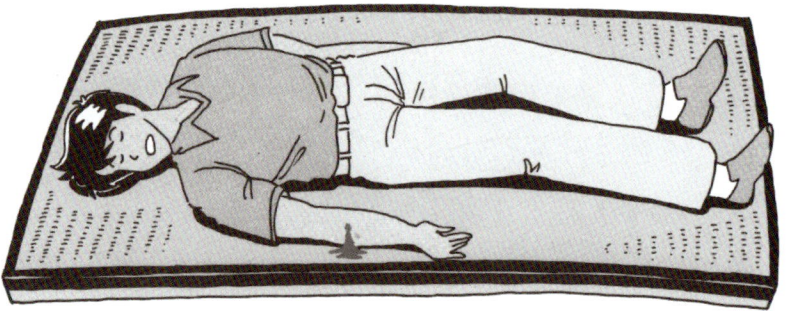

17 사람이 쓰러져 있을 경우

구조방법

1. 주위의 안전 확보
- 쓰러져 있는 장소가 안전한지 여부를 확인하고 위험한 장소면 안전한 장소로 이동시킨다.

2. 출혈 관찰
- 출혈이 심하면 빨리 지혈시킨다.

3. 구급차 요청
- 우선 의식이 있는지 없는지를 확인하여 의식이 없으면 근처 사람에게 구급차를 불러달라고 협조를 요청한다.

4. 입안의 이물질 제거
- 입안에 이물질이 있으면 제거한다.

5. 기도의 확보
- 의식이 없을 때는 호흡하기 쉽게 기도를 확보한다.

6. 호흡 관찰
호흡이 없으면 즉시 인공호흡을 한다.

7. 맥박 관찰
- 맥이 느껴지지 않으면 인공호흡과 함께 심폐소생술을 실시한다.

요령
- 얼굴을 관찰하기 전에 쓰러져 있는 장소의 안전여부를 확인하고 위험한 장소라면 안전한 장소로 옮긴다.
- 일사병을 막고 의복, 담요 등으로 몸을 덮고 보온한다.

주의사항
- 골절여부를 알 수 없는 상태에서 옮겨야 할 때는 가능한 한 조심스럽게 옮긴다.

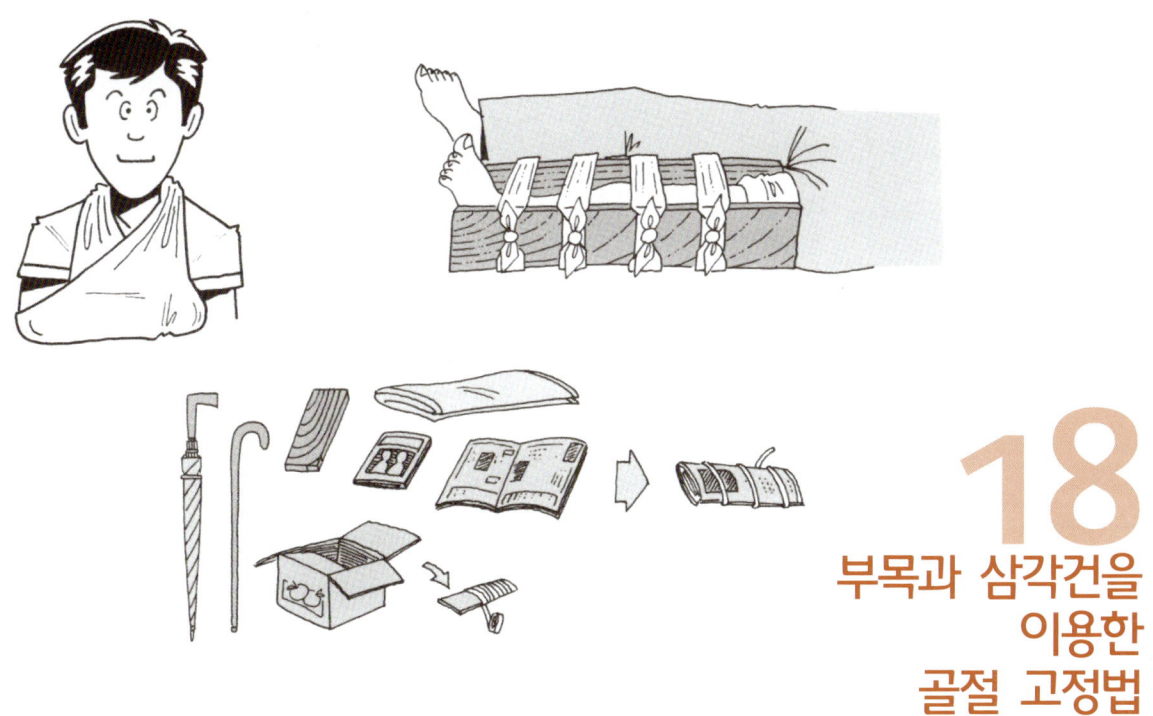

18 부목과 삼각건을 이용한 골절 고정법

사용 기자재

- 주간지(週刊誌)
- 골판지
- 자
- 지팡이
- 우산
- 담요
- 방석
- 보자기
- 홑이불

요령

- 부목은 골절부분 상하의 관절을 고정할 수 있는 긴 것을 사용한다.
- 부목의 틈새에는 부드러운 수건 등을 끼운다.
- 2인 1조로 하여 한 사람은 골절부분을 움직이지 않도록 꼭 잡고 또 한 사람은 넥타이 등을 사용하여 다치지 않도록 부목을 댄다.
- 팔이 골절되었을 경우 부목으로 고정한 다음 흔들리지 않도록 삼각건이나 보자기로 고정시킨다.

주의사항

- 출혈이 심하거나 의식장애등 직접 생명이 위험한 증상이 보일 때는 우선 응급처치를 한다.
- 골절부분이 변형되었거나 뼈가 튀어 나온 경우는 뼈를 되돌리려고 하거나 건드리지 말아야 한다.
- 골절된 부분의 상하 두 곳의 관절을 같이 고정한다.
- 매듭은 골절부분의 바로 위가 되지 않도록 주의한다.
- 중량물 밑에 깔려 다리나 몸이 장시간 압박을 받으면 손상을 받은 근육조직에서 여러 가지 독소가 혈액 속으로 흘러들어가 쇼크나 신부전을 일으킨다. 상처의 처치를 정확하게 하여 조기에 의료기관에 입원시키도록 한다.

제4장 구조 및 구급

19
관절을 삐었을 때의 응급처치법

사용 기자재
- 삼각건
- 보자기

요령
- 구두는 골절 때 사용하는 부목의 대용이 되므로 구두를 벗지 말고 구두위에 삼각건등으로 고정하여 응급처치 한다.

주의사항
- 삐었는지 골절인지 모를 때는 골절로 보고 응급 처치 한다.

구조방법
- 8번 접은 삼각건 1매를 준비하여 접은 삼각건의 중앙부를 발바닥에 댄다.

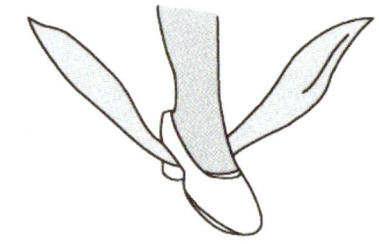

- 접은 삼각건의 양단을 발목 뒤로 잡아올려 교차시킨다.

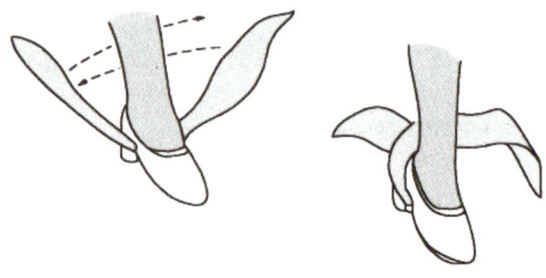

- 접은 삼각건의 양단을 발등 쪽에 돌려 발목에서 교차시키고 양단을 발뒤꿈치 비스듬히 감은 삼각건의 안쪽으로 넣는다.

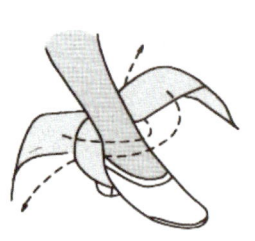
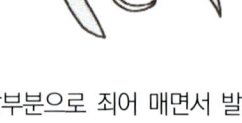

- 접은 삼각건의 양단을 발목 앞부분으로 죄어 매면서 발목 앞에서 묶는다.

구조방법

- 1인 운반
  부축하여 걷기
  안기
  업기

- 2인 운반(한 사람이 안고 한 사람이 다리를 안는다)

20
맨손으로 부상자를 옮기는 방법

요령

1인 운반

- 부축하여 걷기
  응급처치원이 목발 역할을 하는 것으로, 의식이 있고 보행이 가능한 부상자, 또는 한쪽 다리에 경상을 입은 사람을 옮길 때 적합한 방법
- 안기
  부상자를 단거리 운반할 때 적합하고 어린아이, 유아 등 체중이 가벼운 부상자를 옮길 때 적합한 방법
- 업기
  부상자를 비교적 장거리 이송할 때 적합한 방법

주의사항

1인 운반

- 부축하여 걷기
  골절이 있는 부상자, 양다리를 다쳐 걸을 수 없는 사람에게는 적합하지 않다.
- 안기
  척추손상, 골절이 있는 부상자에게는 적합하지 않다.
- 업기
  골절, 내장질환이 있는 부상자에게는 적합하지 않다.

* 맨손으로 부상자를 옮길 경우는 좁은 통로, 계단 등으로, 운송기자재를 사용할 수 없는 상황에서 긴급히 안전한 장소로 이동하는 것으로, 아무리 신중을 기해도 부상자에게 끼치는 영향이 크다는 것을 인식하여 필요한 경우에만 최소한으로 하도록 한다.

제4장 구조 및 구급

21
의자를 이용한 부상자 운반

구조방법
- 의자의 좌우를 잡는다.
- 의자의 전후를 잡는다.

사용 기자재
- 의자(의자의 등받이가 붙은 것)

요령
- 부상자를 의자에 앉히고 전후 또는 좌우에서 의자를 꼭 잡고 옮긴다.
- 의자는 허리를 낮추고 들어올린다.
- 의자를 내려놓을 때는 부상자를 배려하여 살짝 내려놓는다.
- 반좌위는 호흡이 곤란할 때 호흡을 편하게 하여주므로 유효하며 흉통, 천식 등에 의한 호흡곤란이 있는 사람에게도 유효하다.

주의사항
- 의자에 앉히고 의자에서 떨어지지 않도록 끈으로 붙들어 맨다.
- 이동 중에는 항상 부상자의 상태를 관찰한다.
- 의자를 들어 올릴 때는 허리를 낮추고 들어 올려야 허리를 다칠 염려가 없다.

22 응급 들것을 이용한 부상자 운반 1: 담요 이용

사용도구

- 장대 또는 단단한 막대기(2m × 2개)
- 담요 1매

요령

- 담요를 펴서 ⅓ 자리에 장대를 놓는다.

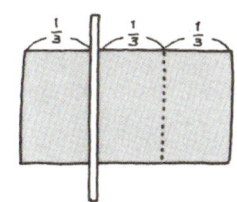

- 장대를 싸는 것처럼 담요를 접어서 겹친다.

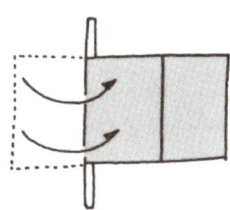

- 접어서 겹쳐진 담요 끝에 또 하나의 장대를 놓고 그 장대를 안으로 끼어 넣도록 나머지 담요를 접어 겹친다.

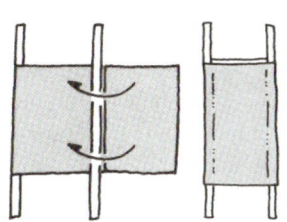

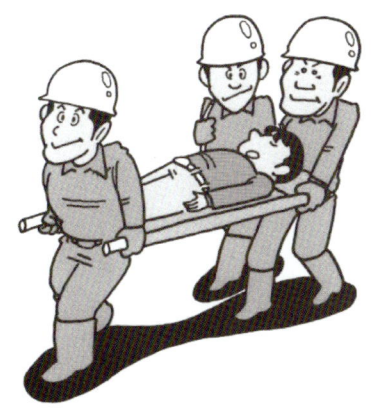

주의사항

- 원칙적으로 3인 1조로 운송하며 1명은 들것 옆에 붙어 부상자의 상태를 살핀다.
- 부상자의 다리 쪽을 앞으로 하고, 수평을 유지하며 흔들리지 않도록 조용히 옮긴다.
- 옮길 때는 들것 앞을 잡고 있는 사람은 왼발부터, 뒤를 잡고 있는 사람은 오른발부터 내 딛는다
- 들것을 들어 올릴 때는 무릎을 굽혀 허리를 낮추고 들어 올려, 뜻하지 않은 허리 부상을 예방한다.
- 옮기는 자세는, 부상자 자신이 상태를 제일 잘 알고 있으므로 부상자에게 잘 듣고 자세를 취한다.
- 의식이 없을 때는, 기도를 확보할 수 있도록 옆을 보는 자세를 취하도록 한다.

윗옷 이용

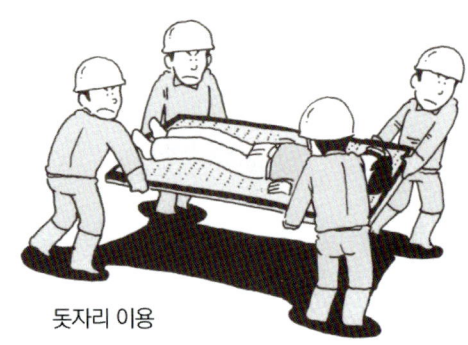
돗자리 이용

23
응급 들것을 이용한 부상자 운반 2:
깔개·돗자리 이용

사용 기자재
- 장대 또는 단단한 막대기(2m×2개)
- 상의
- 운동복(Trainer 4~5매 이상)
- 돗자리

요령
- 상의 단추는 잠근다.
- 상의나 운동복 등은 뒤집어서 소매를 장대에 집어넣는다.
- 조금씩 겹쳐서 틈새가 없도록 가지런히 배열한다.
- 리더의 신호에 따라 조용히 일어선다.

주의사항
- 원칙적으로 3인 1조로 운송하며, 1명은 들것 옆에 붙어 부상자의 상태를 살핀다.
- 부상자의 다리 쪽을 앞으로 하고 수평을 유지하며 흔들리지 않도록 조용히 옮긴다.
- 옮길 때는 들것 앞을 잡고 있는 사람은 왼발부터, 뒤를 잡고 있는 사람은 오른발부터 내딛는다.
- 들것을 들어 올릴 때는 무릎을 굽혀 허리를 낮추고 들어 올려 뜻하지 않은 허리 부상을 예방한다.
- 덧문을 사용할 수도 있지만 붕괴된 건물에서는 문이 빠지지 않던지 변형되어 사용할 수 없을 때도 있다.

✿ 구조·구급 도구 일람표

구출 기자재

중량물을 들어 올릴 때	잭(Jack)	자동차용
잡아당기고 고정할 때	로프	소방대의 휴대로프와 같은 정도(10m) 길이
부상자의 이송	들것	접을 수 있는 들것. 다루기 쉬운 들것
기타	담요 홑이불 리어카	구조자의 보온. 일시적 수용 등 기자재 반송 및 병자나 부상자 이송 등

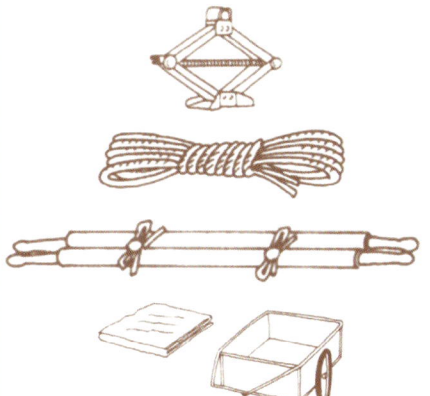

파괴용 기구

들어 올리고 파괴, 함석 등 분해	큰 빠루	길이 1m 정도의 것
기둥, 대들보 절단	동력 톱 톱	갈아 끼우는 칼날도 포함 한쪽날형과 접는형
문 가옥 등의 파괴	도끼 해머	
철사, 라스강 절단	철선가위 펜치	

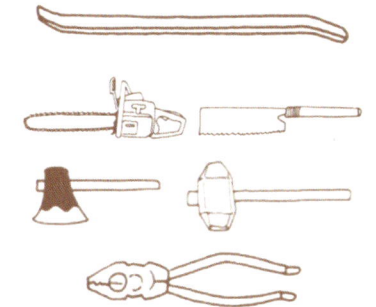

구급용품

구급 세트		응급처치용의 기자재
카드		주소, 성명, 부상상태 등을 기입할 수 있는 것
필기구		볼펜, 매직 등

개 인 장 비

안전모, 마스크, 방진안경, 목장갑, 두껍고 낮은 구두		안전모의 목에 거는 줄에 호루라기를 붙인 것
손전등		전원은 건전지로 준비
트랜지스터, 메가폰		예비용 건전지도 준비

제4장 구조 및 구급

보고서

지진 대비 해외 연수보고

강동구의회 의원 배 온 희

지진대비 연수보고

🔆 서 론

　모두가 평화롭게 살아가던 어느 날, 갑자기 무서운 굉음과 함께 지진이 엄습하였다. 땅이 뒤틀리고 주택과 건물들이 붕괴되고, 파손된 수도관으로 인해 거리에는 물이 흘러넘치고, 교통수단들은 파괴되고, 거리는 차량들의 충돌로 아수라장이 되었다.

　가스관이 파손되어 불길과 연기가 치솟고, 정전으로 인한 암흑과, 붕괴된 건물 속에서 수많은 사람들이 살려달라고 부르짖는다.

　아이나 어른이나 공포에 질리고, 사람들은 무엇을 해야 좋을지 모르고, 부상자들의 처절한 외침 속에 질서는 극도로 흐트러졌다. 통신은 두절되어 누가 어디서 죽어 가는지도 모르고 구조요청은 엄두도 못 내며 자원봉사 체제는 너무나 빈약하여 복구할 엄두도 낼 수 없다.

　라이프라인이 끊어진 건물더미 속에서 탈수현상과 배고픔에 지쳐 사상자와 이재민은 수십, 수백만에 이른다.

　폼페이 최후의 날을 예견할 수 있었던 사람은 없었으리라. 그날도 그들은 먹고 마시고 즐기는 생활을 계속하고 있었을 것이다. 그리고 어느 날 이 지구에서 사라지고 아득히 먼 후일 우연히 그들의 삶이 있었다는 것이 발견되었다.

　이 땅에도 이같이 비참한 재앙의 시나리오가 오지 않으리라고 누가 자신 있게 말할 수 있는가? 어느 날 갑자기 서울과 각 도시들이 규모 7 이상의 강진으로 붕괴되고 불타버려 폐허가 된 잿더미 위에서 생사를 알 수 없는 가족을 찾으며 미리미리 대비하지 않은 잘못을 통탄하고 아우성치지 않으리라는 보장이 있는가?

　1995년 강동구 의회에 진출하면서 계속 나를 누르는 이 압박감을 떨칠 수 없었다. 1995년과 1996년에 걸쳐 수차례 지진의 경고를 하며 지역에서나마 대비를 하라고 촉구하였으나 귀 기울이는 사람들은 별로 없었다. 다행히 이 외침에 부응하여 강동구청에서 다른 곳보다는 더 준비를 하지만, 턱없는 예산과 사태의 심각함을 느끼지 못해 미약할 수밖에 없다. 구의회에서는 지난 2대 기초의회 때, 의회 내에 지진연구와 리더십 연구를 목적으로 하는 강동 2000 Forum 모임을 만들어 이 문제를 함께 생각하도록 다루어 왔다.

　의원에게 임기 중 한번 주어지는 해외여행을 이용하여 1997년 9월 22일부터 10월 1일까지 강동구청 민방위과 공무원과 함께 미국 LA와 일본 동경을 방문하여 지진에 대해 연구하고 돌아왔다.

　특히 이번 연구 출장은 "우리나라에 지진이 왔을 때 어떻게 피해를 최소화할 수 있을까?" 하는 문제와 시민들에게 지진의 위험성을 알리고 대비하도록 준비시키는 관점에 맞추어

첫째, 외국은 어떻게 대비하며 우리나라의 취약점은 무엇인가?
둘째, 지진에서 살아남을 수 있는 방법은 무엇인가?
셋째, 초등학교 어린이들을 어떻게 보호할 것인가?
넷째, 이와 같은 준비를 위해 지방자치단체는 어떻게 준비하고 있는가?
다섯째, 어떻게 알리고 무엇을 준비하도록 가르칠 것인가?

등을 중점적으로 연구하고 돌아왔다.

이번 여행은 실로 우리가 얼마나 위험한 상황에 처해 있으며 더 무서운 것은 우리가 말로만 가끔 떠들지 그 위험을 눈치 채지 못하고 있다는 점이다. 우리나라의 역사지진을 보면, 지진이 한반도를 외면하지 않으리라는 것은 분명하다. 물론 가벼운 정도로 지나친다면 다행이지만 만에 하나라도 고베나 LA 정도의 지진이 온다면 나라의 운명이 함께하는 엄청난 참상이 벌어질 수 있음을 느꼈다.

미국에서는 LA Red Cross, Emergency Operation center, LA Unified School District Emergency Operations Board를 방문하여 담당자들과 정보를 나누었고, 특히 Norwood 초등학교를 방문하여 학생들을 위한 준비 현장을 보고 왔다. 일본에서는 무사시노 시청을 방문하여 시 차원의 준비상황을 살펴보았고, 스기나미 구청을 방문하여 구청단위에서 준비하고 있는 재해 대비 현황과 준비된 비품창고들을 직접 견학하였다.

그리고 스기나미 초등학교 교장을 만나 학교훈련실태를 들었고 혼조 도민방재교육센터를 방문하여 다른 재난 도피 실험과 함께 진도 6과 7의 실험실에서 대피훈련 등을 직접 체험하고 돌아왔다.

기상청과 내무부의 도움을 받아 연수보고서와 관련 비디오를 통해 계획을 세워나갔다.

고베 지진현장 비디오를 보며 타버린 잿더미 속에서 희생된 가족의 뼛조각이라도 찾으려 잿더미를 뒤지는 그들의 모습을 보고 전율을 느꼈다. 삼풍백화점 붕괴사고로 500여 명이 죽었을 때 나라가 흔들리다시피 했는데, 만약 이 땅에 6,400여 명이 희생된 고베와 같은 규모 이상의 지진이 오면 수십만 이상의 생명이 위험하다는 생각이 들었다.

그때의 참혹한 광경을 어떻게 해야 하나 싶었다. 물론 지진이 올지 안 올지는 모른다. 그러나 그것을 대비할 때와 무시할 때의 피해는 엄청나게 다를 것이다. 우리 역사는 이미 땅이 갈라질 정도의 지진을 기록하고 있다. 땅이 갈라졌다면 7.0 정도 이상의 지진을 예상할 수 있다. 지진이 왔을 때 생기는 피해는 건물 붕괴에 의한 매몰과 압사이며 화재발생으로 엄청난 사람들이 희생되고 구조의 손길이 못미처 고통 받다가 죽어 가는 사람들이다. 물이 없어 탈수를 일으켜 죽고, 의약품 공급의 부족과 음식의 공급을 받지 못해 죽어가게 된다. 전쟁보다도 더 참혹할 수 있다. 적어도 수만 또는 수십만 명 이상의 생명이 희생될지도 모른다. 평범하고 행복하게 살아가는 시민들을 위해서는 누군가 할 수밖에 없는 일이다.

그 십자가를 짊어져야 한다. 예수님은 인류의 죄를 지고 가셨다. 틀림없이 찾아올 지진의 무서운 재앙으로부터 최대한 시민들을 살려내야 한다는 소명의식 만이 나를 감쌀 뿐이다.

본 론

1. 미국의 지진대비

1) 미국의 적십자

1997년 9월 23일 Red Cross에 도착하니 Don W. Guidry와 Sandra Stark Shields 씨가 우리를 반겼다. 내가 준비해간 50여 가지의 Check List로 이야기를 시작하였다. 그들의 친절한 마음은 내가 거의 다 알아들을 수 있도록 침착하게 말해 주었다. 이곳에서는 나의 방문을 대비해서 이곳에서 쓰고 있는 우리말 자료와 영문 자료를 준비해 주었다. 워낙 인간의 생명을 중시하는 나라라서 자료들이 잘 준비되어 있었다.

그들과 나눈 대화의 요점은 자기 생명은 자기 스스로 지켜야 한다는 것이었다.

예수님도 태어나자마자 헤롯왕의 학살을 피해 애급으로 피신했다. 하나님이 모든 것을 다 해준다고 가만히 있지 않았다. 하나님의 아들도 피신한 것이다. 가만히 있어도 모든 것이 다 될 거라는 생각은 잘못된 신앙이다. 지진이 발생할 경우 안전과 생존방법에 대한 많은 자료는 추후 순회강연 시 활용할 수 있을 것이다.

여기서는 몇 가지 간략한 경우를 소개한다.

① 위험한 것들

보통 부상과 사망은 지진 때 땅이 움직여서 나는 것이 아니다. 대부분은 건물들이 지진 때 충격을 받아서 파괴되고, 흔들리고, 부서지며, 부착물이나 건물조각들이 떨어져서 사람을 치기 때문에 많이 희생된다고 한다. 해일이 발생하여 많은 피해를 입기도 한다.

② 부상을 입히는 것들

지붕이나 벽에서 떨어지는 벽돌, 무너지는 벽, 부서진 창문이 깨져 떨어지는 유리 그리고 책상, 가구나 장식물이 뒤집힌 경우, 가스전에서 나는 불, 늘어진 전깃줄, 공포로 인한 극적인 행동 등이 희생을 부른다.

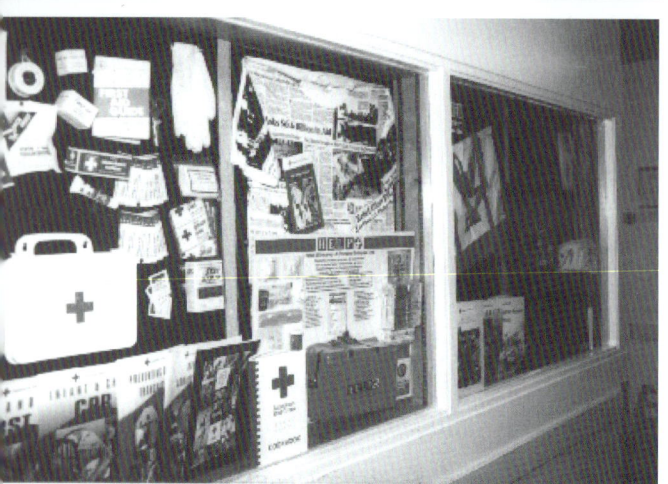

미국 RED CROSS에 진열된 구급품들

③ 지진을 대비하여 무엇을 할 수 있나?

지진이 일어나기 전에는 충분한 조사와 철저한 관리를 통해서 건물의 안전을 보강하고, 지진을 대비해서 계획을 세워 가족이 훈련하는 것이 필요하다.

집 소유자나 거주자는 지진을 대비해서 집을 점검해야 한다. 가스관이나 연결선이 끊어지거나 부서짐으로 인해 화재 발생이 가능하므로 온수기, 가스기구 등을 튼튼하게 고정해야 한다. 선반들을 벽에 안전하게 고정시키고 크고 무거운 물건들은 선반 아래에 놓아야 한다.

부모나 가장은 지진 중에 피해와 공포를 줄이기 위해 가끔 지진훈련을 가족과 함께 하고 전기, 가스를 차단하는 법을 가족들에게 가르쳐야 한다. 그리고 응급처치(First aid)를 배우고 손전등과 휴대용 라디오 및 여분의 배터리를 항상 준비해야 한다.

④ 지진 중에 할 일

무엇보다도 침착하고 책장, 천장, 선반에서 떨어지는 물건들을 조심하고 움직이기 쉬운 물건들을 조심하며 창문, 거울, 굴뚝 같은 데서 멀리 있어야 하며 위험할 것 같으면 책상 밑, 테이블 밑에 들어가 있고 문사이나 창문에서 먼 모퉁이에 가야 한다. 고층건물 안에 있으면 책상 밑에 들어가라고 한다. 계단이 파손되고 공포에 질린 사람들로 혼잡할지 모르니 급히 출구로 가려하지 말라. 그리고 엘리베이터는 작동하지 않을 경우가 많다. 건물 밖으로 나가려하지 말고 차안에 있으면 안전한 곳에 차를 세워야 한다.

⑤ 지진 후에 할 일

부상자를 조사하고 화재나 화재 위험을 조사한다. 특히 가스누출을 점검하고 가스가 새지 않는지 확인이 될 때까지 성냥이나 라이터를 쓰지 말아야 한다. 물이 나오지 않으면 물을 구할 방도를 생각하고 라디오를 켜서 피해 보고와 정보를 듣고 비상사태 외에는 전화를 쓰지 말아야 한다고 알려준다.

그 외에도 많은 자료를 구했고 앞으로의 지진대비에 유용하게 활용될 것이다.

결론은 살기 위해서는 사전에 준비가 되어야 한다는 것이었다.

2) 미국의 Emergency Operating Center

1997년 9월 24일 Wilshire에서 택시로 30분 정도 달려 1275 N.Eastern 에 있는 흰색 건물을 찾아갔다. 영사관에서 모두 주선을 해 놓았기 때문에 대화 파트너를 만나는데 어려움이 없었다. 사실 한국에서는 그냥 가면 구경할 수 있는 우리나라 독립기념관이나 박물관 정도로 생각하였다. 그리고 설명을 들으면 되는 코스로 생각했었다.

그러나 여기는 보안(Security)이 대단하였다. 개인일 경우 미리 약속이 안 되면 근처도 오기 어렵다. 개인 자격보다 정부의 자격으로 와야 모든 것이 순조롭다. 이번 여행도 영사관과 대사관의 도움을 받아 우리가 도착했을 때 정해진 시간에 만날 수 있었고 자기들이 줄 수 있는 자료들을 모두 준비하고 있었다. 그래서 나라가 힘이 있어야 국민이 대우를 받는다.

그런데 우리나라는 국가의 부강보다 개인의 이익을 먼저 생각하는 경향이 높다. 나라야 어

EOC 소방 담당자 Mr. Stromer와 함께

떻든 개인의 이익을 추구하는 것이다. 나라가 부강하고 회사가 글로벌 회사로 성장하면 그 안에서 보호받고 필요한 것을 공급받을 수 있고 대우를 받을 수 있다. 회사를 살리고 나라를 살려야 한다. 어젯밤 이곳 교포와 이야기를 나누는데 지금은 가난 때문에 먹고살기 위해 이민 오는 사람은 거의 없고 재산도피를 위해 오는 사람들이 많다고 한다. 정상적으로 이민 오는 사람은 교민사회에 나와서 일자리도 찾고 교제를 하는데 이런 이민자는 얼굴도 내밀지 않는다고 한다. 교외 한적한 곳에 좋은 집 사고 갖출 것 다 갖추고 혼자서 살기 때문에, 그들이 있는지 없는지도 모른다고 한다. 그런다고 해서 혼자서 살 수 있을까? 그렇지 않다. 그들이 나와서 편히 살 수 있는 것도 사실은 국가라는 체제가 있어서 가능한 것이다.

그들이 영원히 숨어살 수는 없다. 외국 사람과 하나 되어 살지는 못한다. 수십억을 은행에 넣어놓고 우선은 살 수 있을지 몰라도 재산은 사람에 따라 순식간에 날아간다. 자기의 생명이 다할 때 까지는 견딜 수 있겠지만 자식 대에, 손자 대에는 어떻게 살 수 있을까? 결국 조국에 등 돌리고 조국의 살점을 파먹은 그들도 다시 고국에 기댈 수밖에 없을 것이다.

한국인은 어딜 가도 한국인일 수밖에 없다. 나만 편하게 잘 살아보겠다는 생각 때문에 우리의 사회와 나라가 고통을 받고 있는 것이다. 차안에서 라디오를 들으니 원주 어느 공무원의 집에서 현금 1억5천만 원이 나왔다는 뉴스를 듣고 마음이 너무 씁쓸하였다. 이런 정신 나간 사람들이 이곳저곳에 있어 국력이 약해지는 것이다. 이런 부패한 사람들은 단호히 척결해야 한다. 이런 현상은 극히 일부가 아니라 보편적으로 비율이 높은 것이 우리의 사회 특성이다. 어느 사회이고 이런 부류가 없는 사회가 없지만 그 비율이 얼마나 되느냐가 문제이다.

EOC(Emergency Operating Center)에는 약속된 대로 Mr. Stromer라는 소방관계 책임자가 기다리고 있었다. 이곳에 3년 예정으로 파견중인데 지금 2년째 근무중이라고 자신을 소개했다.

그의 설명에 따르면 이 건물은 한마디로 지진에 안전하도록 땅에서 떠 있는 특별한 건물이라고 하였다.

그리고 우선 건물 입구부터 설명을 시작했다. 입구문은 튼튼히 잠겨있어 카드가 없으면 들어갈 수가 없을 정도로 보안이 철저하다. 폭도들이 총을 쏘아도 방탄유리로 되어 있어 끄떡없다고 한다. 그 문을 들어가기 전, 옆에 있는 Microwave 송수신 탑도 지진을 흡수하도록 설계되었다. 출입문 입구는 땅과 분리된 형태이기 때문에 연결이 끊어져 있었고 건물과 마당 사이를 철판이 이어주고 있었다. 그 공간옆은 추락을 방지하기 위해 문빗장이 서로 어긋난 형태로 유격을 두고 엇갈려 있었다. 이 건물은 진도 8.6을 견딜 수 있고 움직임은 30인치(inch)를 흡수할 수 있다고 하였다. 이 건물은 건축하는데 2천 4백만 달러가 들었고 5th ground based generation을 사용하여 좌우 전후방향과 굽힘을 흡수하던 4세대 방식의 단점을 보완하여 전(全)방향의 충격을 흡수하도록 되어 있다고 말해 주었다.

이 빌딩의 목적은 재난 시 곳곳의 피해상황을 파악하고 적절한 대응조치를 하기 위함이라고 한다. 진도 5.0 이상의 지진은 자동적으로 EOC로 보고가 올라오게 되어있다고 한다. 우리는 5.0 정도의 지진에도 걱정들을 하고 있지만 여기서는 5.0 정도는 아무것도 아니다. 문을 열고 들어가며 방 하나하나를 설명해 주었다. 배터리 룸은 잠시 동안의 예비전력을 공급하고 그 후에는 밖에 있는 디젤발전기가 그 역할을 맡는다. 복도를 걸어가는데 바깥으로 조그만 유리창들이 있다. 창은 이것이 유일하다고 한다. 두께가 1인치로 총을 쏘아도 끄떡없다고 한다.

이 건물은 88개 시와 천만이 넘는 인구를 통괄하기 위하여 1989년에 건설 승인을 받았다. 1990년에 설계를 시작해서 1992년에 착공을 하였고 1995년에 준공을 하였다.

EMIS(Emergency Management Information System)이라고 불리는 컴퓨터 시스템이 1996년에 상황실에 설치되었다. 33,000 sq feet 면적에 22명의 스텝이 매일 근무하고 있으며 활동하는 스텝은 99명이다. EOC에는 Situation room(상황실)과 SEMS staff plann-

캘리포니아EOC센터 내부

ing room이 있고 Media/Visitors area, conference room(회의실)이 있으며 7일 동안 풀가동한다.

상황실에 들어가니 대형 스크린이 중앙에 있고 양옆에 같은 스크린이 있다. 그 위에는 6개의 모니터가 있다. 중앙 스크린에는 LA 지역 지도가 상세하게 나타난다. 좌우에는 6인치까지 구별할 수 있는 위성을 통해서 현장 그대로를 볼 수 있다고 한다.

이런 상황실이 있으니까 사고 현황을 모두 파악할 수 있고 필요한 곳에 사람과 물자를 보낼 수 있다. 영화 Volcano는 이곳에서 촬영되었다고 한다.

EOC는 또 ESP 라는 프로그램을 제공하고 있다. 매년 12개월을 나누어 한 주제씩 지진에 대비하여 공부할 수 있도록 하고 있다.

1997년 9월 주제는 응급처치에 대한 공부이다. 1996년 주제는

1월: 공포를 알아야 한다,

- 2월: 시작하라,
- 3월: 이웃의 피해 감소,
- 4월: 지역사회의 자원,
- 5월: 피해 이웃돕기,
- 6월: 지진대비 팀 구성,
- 7월: 대비기술 훈련,
- 8월: 비상 대피소,
- 9월: 피해 확인,
- 10월: 조난 구조,
- 11월: 응급치료,
- 12월: 계획하라

이다.

이외에도 지진에만 대비하도록 계획된 EOC에서 여러 가지 플랜들을 가지고 있었다.

EOC를 돌아보고 한국에도 이와 같은 형태의 건물을 만들어야겠다는 생각이 들었다. 이렇게 급한 것이 있는데도 대비는커녕 정치자금으로 수많은 돈이 들어간다. 그러나 이런 EOC를 갖추려면 이것을 뒷받침할 시스템이 있어야 한다. EOC의 건축에 들어간 250억 이상의 돈이 필요할지도 모른다. 그러나 이런 것은 필요하다. 그렇다면 설계를 우리 실정에 맞게 변경해 놓아야 한다. 우선 소방서를 활용해야 할 것 같다. 관련공무원을 소방서로 발령하고 일사분란한 체제로 바꾸어야 한다. 일반 업무 중의 하나로 해서는 재난을 극복하기 어렵다. Mr. Stromer 씨가 한국에도 EOC 같은 건물을 짓는다면 Contractor를 소개해 주겠다고 한다.

Mr. Stromer에게 한국은 건물이 취약해서 안에 머무느냐, 아니면 밖으로 뛰어 나오느냐가 문제라는 내 고민을 말하니, 자기네 개념은 집에 머무는 것인데 한국의 현실에 대답하기 어렵다면서, 그러나 많은 희생자들이 집에서 뛰어 나오려다가 이리 저리 부딪치고 떨어지는 물건에 맞고 깨지는 유리창에 큰 상처를 입는 등 나오려다 당했기에 집에 머물러야 한다는 것이다.

이에 대해서 내 나름대로의 결론은 이렇게 내릴 수밖에 없었다. 시간적으로 짧은 지진이 발생했을 때 안에서 밖으로 대피하기는 쉽지 않다. 더구나 밤에는 옷을 벗고 자는데 그 짧은 시간에 옷 입고 나오기가 어려운 것이다. 그리고 흔들리는 건물 안에서 몸을 가누기란 정말 어렵다. 흔들리는 무대 위에서 몸을 가누고 걸어가라면 걸어갈 수 있는 사람이 몇 명이나 될까? 거의 없다. 이리 저리 넘어지고 머리가 부딪쳐 깨지고, 온통 아수라장으로 떨어지는 물건에 부딪쳐 매우 위험하게 된다. 도망칠 시간이 없다. 그대로 집안의 책상 아래로 웅크리고 엎드리는 수밖에 없다. 다행히 건물이 무너지지 않을 정도로 그치기를 비는 수밖에 없다.

강진으로 무너지면 그대로 당하는 수밖에 없다. 많은 건물이 내진설계가 되지 않은 상황에서 강진이 오면 당할 수밖에 없다. 우리가 정신 차리지 않고 어떻게 피해가 없기를 바랄 수 있는가? LA는 지난번 강진에도 불과 몇 십 명밖에 죽지 않았고 90여 년 동안 몇 백 명밖에 죽지 않았을 정도로 자기들은 철저히 지진을 대비하며 적은 피해가 자랑이라고 한다. 그러나 한국은 어떨까? 끔찍하지만 규모 7.0에서 8.0 사이의 지진이 온다면 수만에서 수십만의 사람들이 희생될 것이다.

그래도 우리는 설마 나에게 그런 불행이 닥

치랴 하는 설마 병으로 몽롱하게 살고 있다. 어느 날 강한 지진이 엄습할 때 이 땅에서 벌어질 어마어마한 참상은, 생각만 해도 몸서리쳐진다. 수많은 건물 붕괴, 하늘을 뒤덮는 화재와 연기, 다가오는 불길을 바라보며 끄지도 못하고 도망치지도 못하는 사람들, 여기저기서 살려달라는 아우성, 부상을 치료하지 못해 신음하는 사람들, 말도 못하고 겁에 질린 아이들, 그리고 건물에 눌린 채 구호의 손길이 뻗치지 않아 죽을 수밖에 없는 사람들……

그 참상을 어떻게 표현할 수 있을까? 우리 정부는 대처능력을 가지고 있을까? 피해가 발생하면 이렇게 저렇게 한다는 안이한 생각만이 우리의 대안이다. LA는 돈 쓸 곳이 없어 그 많은 돈을 들여 Control Center를 세우고 전 피해지역을 샅샅이 살펴 대처할 수 있는 시스템에 그 많은 돈을 들일까?

그리고 또 그렇게 할 수밖에 없다. 지금 있는 설비로 하는 수밖에 없다. 정당지원금으로도 수많은 돈이 들어가고 년 말에 남는 예산은 꾸중 듣고 다음해 예산이 적어질까봐 써야 하면서도 재난을 방지하는 시설을 갖추는 데는 인색한데 어쩌겠는가? 도로가 붕괴되고 여기저기 곳곳이 무너지고 재난 책임자들이 죽어가고 부상당한 피해자가 되는데 어떻게 차가 다니고 동원될 수 있는가? 차가 못 다니면 대신 동원 될 헬리콥터가 몇 대나 되는가? 소방차 몇대로 어느 곳부터 불을 끌 것인가?

그래서 이제는 우리 각자가 준비해야 한다. 각 가정이 스스로 준비하고 그 다음 정부를 압박하여 우리의 기대를 저버리는 국회의 예산을, 재난을 방지하는데 쓰도록 해야 한다. 우리도 EOC를 만들고 그에 맞추어 각 지역에 시스템을 갖추어야 한다. EOC 건축에 2천4백만 불 우리 돈으로 250억 정도이다. 정당지원금으로 나가는 돈을 절약하고 예산을 치밀하게 짠다면 우리 실정에 맞게 다시 설계하여 그보다 적은 비용으로 만들 수 있을 것이다. 정당이 우리의 세금으로 유지되면서, 우리의 생명은 경시되고 있음은 옳지 않다. 똑바른 의식이 필요하다.

3) 미국의 초등학교의 준비

1997년 9월 25일에는 교육관계자를 만나기로 되어 있다. 이번 지진 여행계획을 하게 된 것 중의 하나는 어린 학생들 때문이었다. 지진이 무엇인지도 모르고 지진이 나면 어떻게 해야 할지도 모르는 아이들이다. 무엇보다도 아이들은 공포에 휩싸일 것이고 가장 기본인 엎드리고 가리고 꽉 잡는 것을 몰라 희생되는 아이들이 많을지도 모른다. 우리는 학생들이 배우는 건물도 4~5층의 건물이라 붕괴될 경우 큰 피해가 예상되고 학교도 지진에 대비한 것이 없고 선생님들도 어떻게 해야 할지를 모를 것이라는 생각에서였다. LA와 일본을 둘러볼 때 꼭 학교를 보겠다는 생각으로 미국 영사관과 일본 대사관에 학교를 넣어 달라고 요청했다.

일정에 잡힌 대로 오후 2시 영사관에 가서 Mr. Pete Anderson 씨를 만났다.

그는 LA Unified School District Emergency Operations Board 의 Director 로 많은 자료를 나에게 전해주고 설명을 해 주었다. 이 조직은 학생들을 보호하기 위한 조직으로 Boss

그룹인 EOB가 있어 Operation, Planning, Logistics, Finance 기능을 수행하고 있었다. 그 다음 하부조직으로 EMC(Emergency Management Committee)가 있고 Scope은 똑같이 4가지 기능을 하고 있다. 그 밑에 학교에는 School Emergency Organization이 있어 실제적인 재난방지를 수행하고 있다.

LA에는 1996년 가을 기준으로 419개의 초등학교, 71개 중학교, 49개 고등학교 등 총 661개의 학교가 있고 재학생수가 66만여 명이다. 센터나 특수학교까지 치면 900개 학교에 84만 9천명의 학생들이 있다.

Pete 씨의 설명을 들어가면서 국가가 학생들에게 얼마나 깊은 배려를 하는지 알 수 있었다. 이곳 아이들을 위해 훈련을 하고 교사들도 훈련 받으며 각종 재해 심지어 비행기 추락, 공해까지도 매뉴얼이 있어 그대로 하면 되도록 하였다. 일 년에 몇 번의 훈련을 하기 때문에 훈련받은 아이들이 어른보다 더 잘 대응할 수도 있다 한다.

우리나라 아이들은 지진에 대해서 한번이라도 교육을 받아 보았을까? 여기는 지진이 나면 일단 학교가 아이들을 모두 수용한다. 그리고 부모들이 와서 직접 데리고 간다. 그들은 지진이나 재해 시 어떻게 재난을 피할 수 있을지 자세하게 학생들에게 가르치고 있다.

만약 집에 있을 때 지진이 발생하면 무엇을 할 것인지 미리 상의하고 연습해 본다. 이 훈련을 연습해 본 학생들은 지진이 발생했을 때 더 침착하게 대응하며 안에 머무른다고 한다. 이 많은 정보를 귀국하면 전해야 한다는 사명감을 느꼈다.

1997년 9월 26일은 어제 만난 Pete씨에게 부탁하여 Norwood에 있는 Norwood Elementary school을 방문하였다. 학교에 도착하니 Mr. Pete Anderson 씨가 기다리고 있었다. 이곳에서 Coordinator인 Jim Blanchard 씨가 안내를 해주었다. 먼저 공부하고 있는 교실을 들어가 학생들을 위해 준비한 비상식량을 보여주었다. 언제든지 쉽게 손이 닿을 수 있도록 상자 안에 넣어 두었다. 거기에는 물병, 비스킷, 등 가장 기본적인 생필품들이 있었다.

그리고 교실 안에는 우리나라 드럼통 크기의 파란색 플라스틱 통에 용량이 55 Gallons으로 37명이 3일 동안 먹을 수 있는 비상식수를 비치하였다. 보존기간은 5년으로 회사에서 제작되어 보급된다고 한다. 그 다음 학교 마당

교실에 3년 동안 보관되는 음료수

학교에 비치된 비식품 컨테이너

에는 큰 컨테이너가 두 개 있는 곳으로 안내되었다. Jim이 열쇠로 자물쇠를 열어 속을 보여 주었다. 거기에는 비상용품들이 가득했다. 밧줄, 물, 플라스틱 통 등을 보관하고 있었다.

지진 발생 시 학교 선생님들이 책임질 학급도 함께 기록되어 있었다. 이곳은 이렇게 경험이 있어 모두 준비하고 있다. 선생님의 말로는 2년 전에 작은 지진이 한번 있었는데 그때 아이들이 모두 책상 밑으로 들어가 엎드리는 행동을 보였다고 한다. 우리는 그런 방법을 전혀 모르고 있다. 우리나라 학생들에게도 빨리 가르쳐야 한다.

2. 일본의 지진대비

1) 무사시노 시(市)

1997년 9월 29일 숙소 프론트에서 받은 약도를 가지고 스위도바 시에 가서 전철을 타고 미타카에서 내려 25분쯤 운동 삼아 걸었다.

시청 정문에 들어서자 곧 의회 담당자들의 안내를 받았고 무사시노 시의회 의장, 부의장을 만나 점심을 대접 받았다. 점심 이후 무사시노(Musashino) 시장 土屋正忠을 만나 또 30여 분 대화를 나누었다.

시장은 지진에 대해서 자기가 아는 바를 상세히 들려주었다. 시장의 이야기로는 지금까지 전후 좌우방향의 지진만 있어 왔는데 20년 전 센다이지역에 비틀리는 지진이 발생하였다고 한다. 그래도 매립지의 건물이 파손되지 않았는데 그 이유는 지하 36미터까지 파일을 박아 내려가 암반위에 세웠기 때문이었다고 한다. 그리고 일본에도 옛 건물은 많이 무너지는데 건축법이 강화된 이후의 건물은 잘 파손되지 않는다고 한다. 그러니 건축법이 얼마나 중요하게 작용되는지 알 수 있다. 우리나라의 건물은 애초 내진설계가 없었고 건축법에서 얼마를 반영토록 했는지 몰라도, 그대로 따랐다는 보장도 없으며 건축하는 과정에서 내진성을 제대로 반영했는지 따져보지도 않았던 건물들이 많아 정말 큰 문제다. 거기에 날림공사까지 하여 90%이상이 지진 무방비 상태일 것이다. 건축법으로 규제하고, 시공할 때 철저히 감독했어야 한다.

시장과 이야기를 끝내고 다시 7층 회의실로 들어가 시청 재난 담당자들과 만났다. 총무부 방재과 과장 田中孝良 씨는 무사시노시의 현황

무사시노 시장

지진을 대비하여 구축된 통신망

무사시노시의 음용식수 저장탱크

을 이야기해주었다. 재해에 대비하기 위해서는 제일 중요한 것이 정보수집이라고 한다. 지진이 발생하면 처음에는 최소한의 인원으로 가동하다가 점점 더 사태가 커짐에 따라 인원을 늘려간다고 한다. 사태가 커지면 29과에 담당자가 105명으로 늘어난다. 더 커지면 37과에 193명이 동원된다. 휴일이나 야간에는 8명이 학교로 가서, 주민을 학교 대피소로 인도한다. 지진이 규모 6 이상이면 자동적으로 이런 절차들이 수행된다.

통신은 고정식과 이동식으로 구성되어 있으며 이동식은 소방서나 경찰서에서 쓰이는데 1982년에 49개소에 지역무선을 설치하였고 이제는 노후 되어 새로운 것으로 바꾸고 있다. 그동안 꾸준한 장비 개선을 통하여 고정식이 41개소, 이동식이 107개가 있으며, 전에는 워키토키처럼 일방 통화형이었으나 이제 전화처럼 서로 대화를 주고받을 수 있는 형태가 되었다. 차량에도 30대를 설치하였다. 응급급수는 하루 3리터 씩 필요한데 무사시노는 우물 8곳을 선정하여 모터펌프로 퍼 올릴 수 있도록 하였다.

시청 건물 유리창으로 보이는 밖의 큰 탱크에 4천 톤의 식수를 저장해 놓았고 또 하나는 3천 톤을 보관하여 유사시 급수가 가능하도록 하였다. 가정집에도 우물이 있는데 수질검사를 하여 44개소를 먹는 물로 지정했다고 한다.

그리고 국립, 공립 초등학교에 올해부터 우물을 파도록 법으로 정하였다. 또 물 3 톤이 들어가는 트럭 3대를 준비하였다. 내가 소방차로 먹는 물을 공급하면 되지 않느냐고 물었더니 먹는 물은 안 된다고 한다. 그리고 각종 용품으로 담요, 매트, 종이 기저귀, 밥통, 곤로, 7리터 정도 물통, 이동형 화장실, 발전기, 전등, 구급약, 라디오, 여자생리용품 들을 학교에 많이 비축하고 있다고 한다. 여성 생리대도 매우 중요하다. 생리대가 없으면 여성들이 얼마나 고통을 당할까? 비상식품은 5만 명이 3일 동안 3끼를 먹을 수 있는 양을 비축하고 있다고 한다. 공원에는 화장실전용 물을 담아 놓았는데 6개의 화장실을 설치할 수 있다고 한다.

또 총무부 방재과 방재계획담당 과장 平井明正 씨가 국가의 모범에 따라 무사시노시의 조례로 자신이 완성한 재해 법령집을 설명해 주었다. 워낙 많아서 일일이 다 설명할 수는 없고 가지고 가 읽어 달라고 한다. 그래서 우리가 이 책을 많이 활용할 예정인데 저작권 침해를 요구하지 않겠느냐고 농담을 했더니 한바탕 웃었다. 그 외에 기존 건물을 분석할 수 있는 프로그램이 있느냐고 물으니 옛 건물은 콘크리트 조각을 떼어내 컴퓨터로 분석하여 건물이 약하면 보강공사를 한다고 한다. 건축물 관계는 주임 恩田秀樹 씨가 설명해 주었다.

2) 스기나미 구(區) 및 초등학교

1997년 9월 30일은 杉並區(스기나미구) 교육위원회 학교교육부(敎育 委員會 學校 敎育 部)의 新井旭 씨와 환경부의 高橋光明 씨의 설명을 들었다.

먼저 재해대비는 정보가 중요한데 무선을 통해서 모두 연결이 된다고 한다. 무선시설로 구민들에게 모두 연락이 되는데 무선시설을 보고 갈 것을 권유했다. 준비된 카탈로그는 가스, 전기, 일반가정 훈련, 방재지도 등인데 이 자료들은 각 가정에 한 세트씩 비치되어 있다고 한다. 핑크색으로 된 2권의 자료는 구청직원이 1부씩 가지고 다니며, 재해를 처리하는 매뉴얼과 같아 방재계획 기본중의 기본으로 지진, 풍수해 등 모든 재난의 경우 어떻게 행동하는지를 중점적으로 기술하고 있다고 한다. 이 두 권을 고베 및 아와지 지진을 참고로 하여 단계별로 1권으로 작성하여 각 가정에 배포하여 준다. 그리고 비상용품구입 안내서를 구민들에게 배포하여 싸게 구입해 주기도 한다.

이곳 초등학교와 공원은 4.2핵타 면적에 함께 존재하고 있으며 재해 대비 시스템이 잘되어 있어 많은 방문자가 다녀간다고 한다. 담당자들로부터 전체 개요를 설명들은 후 무선 실을 방문하였다. 무선실은 세 가지 시스템으로 되어 있는데,

첫 번째 시스템으로는 고정 형으로, 구내 118개 지역에 재난경고를 일방적으로 하는 시스템이다. 평소에는 작동을 확인하기 위하여 118개 지역에 시간을 음악으로 알리는데 어린이들이 듣고 집에 가게 하는 기능도 있다고 한다.

이 신호는 개별 수신기에서도 수신이 되는데 구내 방재회원이 731대를 가지고 있어 재난 시 행동을 할 수 있다고 한다.

두 번째 시스템으로는 전화처럼 상대방과 교신하는 시스템인데 131대의 이동 무전기가 있다고 한다. 긴급 시 휴대하고 출동하여 상황을 보고하고 지시를 받는다고 한다.

세 번째는 스기나미구와 동경을 연결하여 모든 정보를 주고받으며 전국적인 정보도 동경을 통해서 받을 수 있는 컴퓨터 시스템이다. 이것은 또 팩스, 전화, 연상시스템등과 함께 4가지가 동시에 연결된 것으로 도에 피해를 보고하고 지원을 받을 수 있도록 하고 있다. 컴퓨터에는 지진, 허리케인, 등의 모든 현황이 나타난다. 어제 29일 밤 11시 동경의 지진현황이 모두 컴퓨터 화면에 나타났다. 1도 지진이 7군데 정도가 된다. 또 화상회의시스템이 있어 서로 회의가 가능하고 동경과 전국에 설치된 카메라로 피해지역을 모두 볼 수 있고 위성의 자료도 동경을 통해서 볼 수 있다. 시간이 부족하여 깊이 이야기하지는 못했어도 미국의 EOC에서 위성에 의해 6인치까지 샅샅이 뒤져볼 수 있는 시스템과는 조금 차이가 나는 것 같았다.

무선 실을 본 후 스기나미 공원과 학교를 보기 위하여 밖으로 나갔다. 용품준비 기준은 인구 50만인 스기나미구 35%의 정상인들이 1-2일 견딜 수 있는 용품들을 준비하고 있고 55%의 장애인과 소아들이 먹을 수 있도록 준비를 하고 있다고 한다. 모든 초등학교에는 대피 시설이 되어 있으며 23개의 중학교에도 설치하고 있다.

공원으로 들어가는 입구에는 게이트에 샤워

장치가 붙어 있는 것이 7곳이 있는데 외부로부터 불길이 들어오는 것을 차단하는 기능을 하고 있다. 마치 관동대지진 때 불이 났지만 천황이 있는 곳은 주위에 물이 둘러싸 화재가 번지지 않은 것과 같은 원리라고 한다.

그리고 나무 사이에는 높은 탑을 세웠는데 물을 뿌려 나무가 불에 타지 않게 하려는 것이다. 나무도 잎이 넓어 물을 많이 함유한 나무를 선정했다고 한다. 공원 한곳에는 커다란 창고가 있었는데 그 곳 열쇠를 열고 들어가니 이층으로 만든 거치대에 물품들이 가득 찼다. 이런 시설이 구내 26곳에 있는데 17만 명이 1일을 먹을 수 있도록 준비한 것이다. 초등학교, 중학교 52곳에서 첫째 날은 구에서 비축한 용품으로 견디고 둘째 날은 동경도에서 책임지고 사흘부터는 봉사단체에서 맡도록 구성되어 있다.

일본은 이렇게 준비하는데도 겨우 며칠분인데 준비하나 없는 우리는 지진이 왔을 때 어떻게 견디어 낼 수 있을까? 참으로 막막하다. 준비하지도 않고 다 살 수 있으려니 생각하는데 그러면 일본은 왜 준비를 한단 말인가? 더 많이 살펴보고 싶었지만 시간이 부족하여 발걸음을 재촉하였다.

가정집과 학교에는 체험 이동차가 다니며 실제 경우와 비슷하게 체험을 하도록 한다. 학교에 들어서니 비상용 펌프가 있는데, 작동시키니까 물이 나온다. 지하 100미터에서 퍼 올리는 물로 식수로는 사용을 못하고 용수로 쓸 수 있다고 한다. 금년도부터 학교에는 법으로 꼭 설치하도록 되어 있다고 한다.

식수는 50만 명이 하루 먹을 수 있는 1,500

지진대비 비상용품 저장소

지진대비 용구 저장소

스기나미 초등학교의 비상용 펌프

톤짜리를 4곳에 준비하고 있다 한다. 물은 수도로 연결하여 3일 동안 비축되고 3일 후에 수돗물로 방출되어 항상 새물이 차 있도록 한다. 지진이 감지되면 자동적으로 방출이 차단되어 보존된다. 물을 공급하기 위해 자가 발전시스템을 갖추고 있으며 전원이 끊어지면 수동으로 공급하도록 하였고 그것도 고장 나면 지하의 수도꼭지에서 물을 받도록 3중장치를 하였다. 학교는 화재 발생 시 공원의 물과 우물의 물을 이용하여 불을 끄도록 하고 있으며 모든 장치는 학교 내의 기계실에서 작동시킨다고 한다. 낮에는 구청에서 관리하고 밤에는 주민들이 열쇠를 가지고 있다. 학교에는 바퀴 달린 커다란 이동식 소화기가 하나씩 있어 이동시켜 소화시킬 수 있도록 했고 지역 300곳에 설치했다고 한다. 지역에는 또 300곳에 펌프를 설치했다고 한다. 지진이 나면 건물붕괴보다도 화재와 그리고 떨어지는 물건에 의해 생명을 잃는 사람이 제일 많다고 한다. 우리는 어떻게 화재를 막을 수 있고 떨어지는 물건을 피할 수 있을까. 참으로 안타깝다. 그보다 우리는 건물붕괴가 무섭다. 약진에서는 화재와 움직이는 물체로 많이 다치지만 강진에는 압사당할 가능성이 많은 것이 우리의 구조이다. 이 문제를 어떻게 풀어 나가야 할까?

스기나미 학교 교장선생님 平部武彦 씨는 학교의 방재훈련 연간계획표를 나에게 주었다. 平成 9年度 계획으로 4월 22일부터 다음해 3월 4일까지 훈련하는 내용이 모두 기록되어 있다. 한 달에 한번의 훈련은 의무적이며 훈련 날짜는 미리 가르쳐주지 않고 당일 알려주며 비상 벨이 울리면 신속하게 운동장으로 나오게 한다.

스기나미 초등학교 교장과 함께

훈련할 때는 4가지 기본을 잘 지키도록 한다. 첫째, 사람을 밀지 않기, 둘째, 달려가지 않기, 셋째, 말하지 말 것, 넷째, 원래 자리로 돌아가지 말 것이다. 만약 우리나라 학생들은 지진을 당했을 때 어떤 행동들을 보일까? 운동장에 나갈 때는 학생 개인에게 지급된 머리 보호구를 뒤집어쓰고 나간다. 훈련정신은 "훈련은 실제처럼, 실제는 훈련처럼" 행동하는 것이라고 한다. 모두 운동장에 모이면 교장선생님이 5분 정도 지진에 대해 이야기 한 후 교실로 들어가도록 한다. 여기서 보면 학생들에게 강한 훈련을 시키지는 않는 것 같다. 왜일까? 나름대로 판단해보면 학생들은 지진 발생 시 자기를 우선 보호하고 선생님의 지시에 따르면 되는 것이다. 초동행동만 제대로 하면 그 다음은 어른들이 도와준다. 그러니까 엎드리고, 가리고, 꽉 잡고 기다리면 된다. 아이들의 훈련도 "자기 몸은 자기가 지키라"는 정신을 주입시킨다. 평소에는 학생끼리 훈련하지만, 매년 9월 1일은 관동대지진 기념일 훈련이라 이 날은 실제 지진을 가상하여 학생들이 밖으로 못 나

학생들을 위한 지진 체험 기구

가게 하고, 시간이 지나 지진이 진정되었다고 여겨지면, 부모에게 학생들을 한명씩 인계한다고 한다.

　이것은 미국이나 일본이나 똑같다. 우리는 이런 시스템이 있을까? 학생들을 그대로 보내지 않을까? 학교에 가서 조사해 보아야겠다. 그리고 근처 고명초등학교부터 가르쳐야겠다. 일본 학생들은 졸업할 때까지 가상 지진 체험을 해야 한다. 이동형 지진체험차를 가지고 다니며 모든 학생들이 체험하도록 한다.

　학교 건물은 고베지진 7.2 정도는 견디도록 설계되어 있다고 한다. 학부모와의 합동훈련은 학교운동장에서 캠프파이어를 하고 대피기분으로 구에서 예산을 지원하여 연습시킨다. 스기나미 학교는 60년 전통이 있지만 1961년 4월 1일에 지금의 건물을 지었고 514명의 학생이 있다고 한다. 구(區)에는 60여 개의 비디오테이프가 준비되어 있고 만화로도 되어 있어 아이들의 인기가 높다. 지역주민은 매달 반장 통장단위로 정기적으로 훈련한다. 11시 40분 경 스기나미 학교방문을 마친 후 우리는 점심 먹을 시간도 없이 Honjo Life Safety Learning Center 인 Honjo Bosai Kan으로 발길을 돌렸다.

3) 혼조 도민방재교육센터

　12시 45분 혼조도민방재교육센터 앞에 도착하니 마치 21세기를 그린 영화에 나오는 공상과학 영화관 같은 새로운 디자인이 눈에 띈다. 출입구도 그렇고 승강기도 전혀 새로운 디자인 감각이다. 센터는 우주선과 배의 복합적 상징으로 만들었다. 모두가 기술집약적인 형태라는 것이다. 센터는 동경소방청에 속한 기구로서 동경소방청 방재교육센터였다. 관장인 金塚憲司 씨가 우리 일행을 반겨주었다.

　관장은 먼저 센터의 구성을 이야기하고 영화를 본 후에 질문사항을 이야기 하자고 하였다. 여직원에게 인도된 우리는 먼저 3D 영화관에 들어갔다. 영화는 센터의 개요와 훈련에 대해 설명해 주었다. 그리고 가상 지진에 대해 특수 안경을 끼고 3D로 구경하였다. 관객은 우리 셋과 또 한사람 모두 4명이었다.

　영상이 시작되었다. 지진이 발생하면서 전신주가 넘어지고 집안이 아수라장이 되었다. 유리가 깨지고 공중에서 비산물들이 떨어지고 차들이 가게로 돌진하고 사람들이 이리 뛰고 저리 뛰는 모습들은, 지금까지 지진은 그러리라고 생각만 했던 나에게 전율을 느끼게 했고 가엾은 우리 국민이 너무 안타까웠다. 입체영화라 떨어지는 유리가 나를 향해 달려들었다.

　침대 옆에는 항상 슬리퍼를 준비해야 한다. 유리들이 깨져 파편이 있을지 모르기 때문이다. 지진 후 대피해 있는 주민들의 모습을 보며 우리처럼 지진대비가 충분히 훈련되지 않은 생태에서는 매우 힘든 상황이 될 것이라는 생각이 들었다. 또 우리는 비상용으로 비축한 것이 없다. 누가 먹여주고 입혀줄 것인가? 여성 생리대의 경우만 보더라도 생리대가 없으면 여성들은 어떻게 할 것인가? 물은 어떻게 공급하는가? 흩어진 가족들은 어디서 만나나?

그런데 영화는 희생된 사람에 대해서는 전혀 묘사하지 않고 건물의 붕괴도 전혀 없는 무언가 부족한 영화였다. 그만큼 일본은 건물만큼은 자신이 있는 것 같다. 우리나라에 지진이 발생한다면, 수없이 붕괴된 건물들, 희생자들, 손을 쓰지 못하고 아우성치는 모습이 연상된다. 지진에 대처할 줄 몰라 희생된 사람들, 먹을 것이 없고 물이 없어 아우성치는 사람들, 이들을 어찌할 것인가?

우리는 몇 가지 과제를 수행해야 한다. 우선 EOC같은 통제센터를 설치해야 한다. 그리고 혼조 같은 훈련기관을 설치해야 한다. 그리고 지진대비용품을 준비하고 또 지진을 인식시켜야 한다. 아이들을 훈련시키고 아이나 어른이나 스스로 살아나도록 교육시켜야 한다.

이어 체험관으로 안내되었는데 먼저 폭풍우 체험실이었다. 폭풍우는 시간이 지정되어 있어 아쉽지만 못하였고 내부로 들어가서 강풍 실험을 직접 체험하였다. 초속 20미터와 30미터를 체험하였다. 그 다음은 소화기 사용이었다. 불이 화면에 나타나면 불이야 소리를 지른 후 소화기를 들고 될 수 있는 한 가까이 다가가 소화기를 방사하는 것이다. 정병철씨와 내가 각각 체험하였다. 안내하는 직원은 소화기는 물이 천정에 붙지 않았을 때의 일이고 천정에 붙은 후에는 어떻게 끄느냐고 물었다. 모포로 덮을 수도 없고 어떻게 해야 좋을지 모르겠다고 대답했다. 그러자 그 여직원은 도망가는 것이 최선이라고 한다. 소화기는 잘못 사용하면 불이 더 커지기 때문이라고 한다.

여기 체험에는 물을 소화기에 넣어 사용하는데 이곳의 폐수를 재생하여 활용한다. 소화전 사용도 화면으로 보여 주었다. 이곳 훈련과정은 체험 후 각자 가지고 있는 카드에 기록한다. 이것은 나중에 수료증을 발급 받는데 쓰인다.

다음은 긴급 신고였다. 카드를 넣고 화면을 터치하면 과정이 진행된다. 불이나 사고가 발생하면 전화를 걸고 담당자와 정확하게 의사 전달을 하여 구급차나 소방차가 출동하면 5점을 얻는다. 다음은 연기로부터 탈출 훈련이다. 무해한 연기로 실험을 하는데 바닥에는 연기

혼조 도민 방재 교육센터장

가 희박하므로 몸을 최대한 낮추어야 한다. 몸의 자세를 높이면 점수가 감점된다. 그리고 모니터에 빨간 불이 켜진다. 오늘은 방문자가 별로 없어 우리만 하는 것 같다. 이 실험은 미리 예약된 사람들만 한다고 한다. 영화는 예약 없이 언제 와도 된다고 한다. 우리 세 사람은 빨간 경고를 하나 받았다. 연기가 나면 절대 달리지 말라고 한다. 냉정을 잃기 때문이라고 한다. 그리고 엘리베이터는 사용하지 말라고 한다. 질식할 우려가 있다는 것이다.

그 다음 체험은 응급처치실이다. 구급차가 달려오기 전 5분이 중요하다. 5분이 지나면 생존율은 25%로 줄어들기 때문에 5분간의 응급처치가 중요한 것이다. 응급처치는 인공호흡과 심폐소생술이다. 기절한 사람의 눈을 열어보아 눈동자가 움직이는지 본다. 그리고 어깨를 두들기며 점점 큰소리로 불러야 한다. 눈동자가 움직이지 않고 입술이 움직이지 않아 의식이 없으면 구급차를 부르고 응급처치를 한다. 크게 불러보아 눈을 뜨면 안심해도 된다. 인공호흡은 2회, 심폐소생술은 15회를 반복한다. 인공호흡은 입속을 보고 이물질이 있으면 고개를 옆으로 돌려 모두 파내야 한다.

먼저 머리 위를 밑으로 내려누르고 턱을 높인다. 5초정도 보고 숨을 안 쉬면 코를 막고, 내 입을 환자의 입보다 더 넓게 덮고, 평소 마시는 호흡량의 2배 이상을 불어 넣는다. 숨을 불어 넣고 목의 경동맥을 눌러보아 그래도 반응이 없으면 심폐소생술(심장마사지)을 한다. 심폐소생술은 갈비뼈가 양쪽에서 만나는 부분에서 위로 손가락 굵기 정도 올라온 곳에 손바닥 밑 부분을 대고 3-5센티로 내리누르고 올리고 하는데 심폐소생술은 어려운 과정이라 집에서 많은 연습을 하라고 한다. 일반 사람들은 이런 절차를 아는 사람이 얼마나 될까 생각해 보았다. 집집마다 익혀야 한다, 그렇지 않으면 부인이, 남편이, 자식이, 부모가 생명을 잃을 수 있다. 응급처치실에는 많은 실습용 인형(애니모형)들이 있었는데 한 인형은 5배 이상 비싼 것으로 맥이 뛰고 크게 부르면 눈도 뜬다. 피부도 사람처럼 부드럽다. 주사도 놓을 수 있고 혈압도 잴 수 있다고 한다.

그 다음, 지진 체험실로 들어갔다. 지진 체험실은 진도 6.0의 약한 것을 택하였다. 지진으로 진동이 오면 머리에 안전모를 쓰고 우선 문을 열어야 하며 가스버너, 순간온수기 등의 밸브를 잠가 불을 끈다. 그리고 책상 밑으로 들어가 피해야 한다. 그러나 움직이기 어려우면 불은 그대로 두고 우선 보호 장치 밑으로 피해야 한다. 6.0정도는 그런대로 견딜 수 있었다. 그러나 그 다음 7.0의 체험지진은 매우 크게 흔들렸다. 이 정도면 무조건 우선 피하고 봐야 한다. 지진 체험까지 마치고 카드를 등록한 후 퀴즈 모니터 앞에 섰다. 서로 다른 구성으로 되어있고 일어, 영어로 구성되어 있어 내가 선택할 수 있다. 주어지는 질문에 답

하는 모든 문제를 풀고 나니 수료증이 나온다. 수료증을 받은 후 다시 관장을 만났다. 관장은 영화소감을 우리에게 물었고 지금까지 지진을 공부한 나로서는 지진이 무섭다고 알기는 하지만 느끼지는 못하는데 두려움을 실감했다고 했다 그러나 죽은 사람이 없고 건물이 붕괴되는 현장이 없어 실감이 조금 덜했다고 말했다. 관장은 이곳에 한국인들이 많이 오고 소방관계자들이 많이 온다고 했다. 1년에 백만 명 정도가 훈련을 받는다고 한다. 이곳은 소방청이 관할한다. 그 외에도 많은 이야기를 나누고 비디오 목록을 요청을 하였고, 추후 누구를 접촉하면 좋을지를 묻자 관장이 직접 대응하겠다는 확인을 받았다.

결 론

이렇게 해서 10일간의 지진연구여행을 마쳤다. 이번 여행으로 외국의 지진대비 현황을 통해 우리나라의 취약점을 살펴보았다. 마음속 깊이 닿는 것은 지진 중, 지진 후, 지진 전 당신은 무언가를 해야 한다는 것이다. 무엇을 어떻게 할 것인가? 살아남기 위해서는 무엇인가를 해야 한다. 특히 초등학교 어린이들을 보호하기 위한 외국의 준비를 보고 감명이 깊었다. 이제 우리나라에 닥쳐올지도 모를 지진재난의 비극을 최소화하기 위하여 나에게 주어진 사명을 이루어 갈 것이다.

1997. 10
강동구 의회 배온희 의원

참 고 문 헌

지진방재종합대책
우리나라의 지진위험 대처방안
대반지진의 피해현황조사
응급처치법
어린이 사고예방과 응급처치
응급의료교육
화재예방 - 이렇게 합시다
지진방재교육 교재
지진 발생지역에서의 생활
Introduction to Disaster Services
Living with Earthquakes
An earthquake story
Earthquake preparedness
防災避難用品
武蔵野市防災概要
Safety Guide Book
A Guide to Living in Suginami City
杉並區 わたしの 便利帳
これで安心わが家の備え
地震のときの電氣安全メモ
まんが避難學入門
地震に自信を
わが家の 防災帳
わが家の 地震對策
チヤドでわかる 防災のてびき
杉並區マニエアル

중앙재해대책본부
대한재보험주식회사
대한건축학회
대한적십자사
강동구보건소
강동구
서울특별시 소방본부
신영문화사
American Red Cross
American Red Cross
American Red Cross
Lucy Acevedo Ace Publications
Shelley Harper design
東京都葛飾福社工場
武蔵野市總務部防災課
Toyko Gas
杉並區
杉並區
東京消防廳

財團法人東京消防協會
財團法人消防科學聯合センター
武蔵野市
武蔵野市
杉並區役所環境部防災課
杉並區

편/집/후/기

　우리가 추구하는 것은 성공과 행복이라고 해도 과언이 아니다. 가족이 행복하게 사는 것이 우리가 추구하는 전부라고 해도 좋다. 그러나 지진은 우리의 삶 자체를 순식간에 모두 파괴시켜 버릴 수가 있다. 전쟁에 대비하는 나라는 망하지 않는다. 일본 사람들이 제일 무서워하는 것이 지진이라고 한다.

　그렇지만 대지진의 참사를 겪어 보지 않은 우리는 무슨 이야기인지 언뜻 이해가 되지 않는다. 사망자가 500여 명에 이른 삼풍백화점 붕괴사고 때도 전국이 경악했는데, 수만, 수십만이 희생되었다고 생각해 보라. 아니 그보다도 사망자가 28만여 명인 인도네시아 지진 해일, 희생자가 31여만 명에 이른 아이티 지진, 1만 8천여 명으로 추산되는 일본 대 해일, 6천 4백여 명에 이른 고베 지진을 생각해 보라. 우리나라에 그 정도의 지진이 발생하면 몇 십배, 몇 백배의 피해가 닥칠지도 모른다. 우리는 그만큼 취약한 구조를 가지고 있고 대비가 미흡하기 때문이다.

　여기서 질문을 한다. 지진이 오면 당신은 어떻게 행동할 것인가? 당신의 아이들은 어떻게 반응을 보일까? 거의 모두 밖으로 뛰어나갈 것이다. 밤에 자던 사람은 속옷 바람으로 뛰어나갈 것이다. 많은 희생이 뒤따를 것이다.

　그렇다면 어떻게 대비할 것인가? 알아야 한다. 아는 만큼 생존의 가능성은 높아진다. 자신에게 물어보라. 지진이 왔을 때 나의 가족들은 어떻게 반응할까? 얼마나 지진대비가 잘 되어 있느냐가 가족의 생명을 좌우할 수 있다. 그 순간 가족들의 안전은 어떻게 행동하느냐에 달려 있다.

SOS 지진을 대비하라

　그리고 비상식량이 없으면 식량이 공급될 때까지 굶어야 하고, 소화기가 없으면 번지는 불길을 바라보며 아우성쳐도 구조받기 어렵다. 연기를 잠시 막을 수 있는 간단한 비닐봉투 하나를 준비하지 못해 질식한들 누구를 원망할 수 있는가? 다행히 약한 지진이 와서 겁만 주고 간다면 "어이쿠 하나님 감사합니다." 하는 수밖에 없다. "도둑이야" 하는 비명에 도둑은 놀라 도망갈 수 있지만, "지진이다" 하고 놀라 외쳐도 지진은 아랑곳하지 않고 우리를 덮친다.

　시민들이 평범하고 행복하게 살아가도록 누군가 이 불행을 최대한 막아야 한다. 예수님은 인류의 죄를 지고 죽었듯이 누군가 그 십자가를 짊어져야 한다. 머지않아 찾아올 지진의 무서운 재앙으로부터 최대한 시민들을 살려내야 한다는 소명의식만이 나를 감쌀 뿐이다.

　지진이 발생했을 때 가장 중요한 것은 국민 개개인의 대처와 자신들의 생명을 보호하는 길이다. 이런 관점에서 개개인의 지진 대응에 초점을 맞추고 자치단체와 정부의 역할에 대하여 조금 언급한 이 지진대비서가 예견되는 지진 발생 시 많은 생명을 구하는 지침이 되기를 바랄뿐이다.

　지진을 배우고 준비하라고 나는 호소한다. 정부와 자치단체 그리고 언론은 미래의 위기를 깨닫고 시급히 대안을 마련하고 시민에게 가르쳐 주기를 호소하는 것이다.
　우리나라! 결코 지진 안전지대가 아니다.

소장 배 온 희

편/집/후/기

정미영 ■ 010-2395-0373 myejeong@hanmail.net
이 책이 나오기까지 함께 연구하며 노고를 아끼지 아니한 교수님들과 소장님께 깊이 감사드린다. 이 책이 재난을 대비하는 길라잡이로서 최고의 안내서임을 자부하며, 다음 세대에 이르기까지 교육과 훈련용 자료로 십분 활용되길 소망한다.

강창룡 ■ 010-9073-6261 kang-44@hanmail.net
인간은 자연재해 앞에서는 어떻게 할 도리가 없다. 지진도 그 중에 하나이다. 자연재해에 의한 피해를 최소화하는 것이 최선의 방법이기에 지진피해 예방에 대한 내용을 연구하였다.

김용선 ■ 010-6338-2095 kimyongsun2002@gmail.com
"우리나라 더 이상 지진안전지대 아니다"라고 말하고 있는 요즘, 한국지진대연구소의 지진대비서 〈SOS-지진을 대비하라〉 개정판 발간에 참여할 수 있는 기회에 참여하게 된 것을 감사하며, 이 책이 지진을 대비하는 모든 이에게 많은 도움이 될 수 있기를 소망한다.

류덕상 ■ 010-5071-5135 ducksr@hanmail.net
〈SOS-지진을 대비하라〉 첫 번째 장 "지진이다 어떻게 해야 하나?"의 세부내용 집필에 참여한 것을 무한한 영광으로 생각하며, 많은 독자 분들에게 지진발생 시 아주 큰 도움이 되어주길 기대한다.

이종환 ■ 010-2003-6314 0119700@hanmail.net
지진에 관한 책이 새롭게 세상에 나온다는 것은 너무 벅차고 감동적인 순간이다. 그동안 많은 시간 수고하신 배온희 소장님과 모든 분께 감사하고, 지진으로부터 안전한 대한민국이 되는 나침판이 되기를 기대해 본다.

채홍웅 ■ 010-6282-2132 282chhu@hanmail.net
지진재난 발생 시 내 자신과 가족을 지키려면 최소한의 먹거리, 비상장비를 갖추고, 재난대비 매뉴얼을 숙지하면 생존할 수 있다. 이 책은 지진을 대비해 철저하게 준비하면 살아남을 수 있음을 알려준다. 전 국민이 지진을 대비하는데 좋은 지침서가 되기 바란다.

최창수 ■ 010-3221-8952 choi8952@naver.com
자연재해를 인간의 힘으로 예방 조절하는 일과 그 현상에서 새로운 가능성을 찾는 것이 인간의 위대함이다. 〈SOS-지진에 대비하라〉의 편집과정에 참여하게 된 동기가 그 가능성을 구체화하는 일의 중요성 때문이다. 이 책의 출간에 자부심을 가지며 생활 속 지혜를 발견하는 새로운 계기가 되기를 바란다.

강/의/안/내

우리는 더 이상 우리나라를 지진 안전지대로 여기지 않습니다. 경주지진과 포항지진을 겪으면서 지진은 바로 코앞에 다가왔음을 실감합니다. 우리나라에도 대지진이 내일 아니면 일 년 후 발생할지 아무도 모릅니다.

다만, 대지진의 비극이 서서히 다가오고 있음을 직감합니다. 삼국시대부터 조선시대까지 심한 지진 피해가 역사에 기록되어 있습니다.

지진으로 인한 대재앙의 피해를 조금이라도 줄여 보고자 한국지진대비연구소는 재난방지를 위해 알리고, 준비하도록 하는 일을 하고 있습니다.

지진 중, 지진 후, 지진 전에 당신이 해야 할 일을 해야 합니다. 준비만이 살아날 가능성을 높이는 비결입니다.

지금 곧 요청하십시오.
저희들이 방문하여 지진에 대하여
자세히 알려드리겠습니다.

배 온 희
한국지진대비연구소 소장
010-6201-3310
lead2k@hanmail.net
www.kosdi.org

SOS 지진을 대비하라

발행인	한국지진대비연구소 홈페이지 www.kosdi.org 대표전화 010-6201-3310
초판발행	2000년 1월 1일
개정증보판	2021년 5월 1일
저자	배온희
공저자	정미영 강창룡 김용선 류덕상 이종환 채홍웅 최창수
인쇄처	(주)삼진PNC
ISBN	979-11-963218-5-7
값	20,000원

무단복제 사용을 금합니다.